室内空间
尺寸与布局解剖书

阳鸿钧 等 编著

SHINEIKONGJIAN
CHICUN YU
BUJU JIEPOUSHU

化学工业出版社

·北京·

内容简介

本书分析了家装、商业与办公室内空间，"解剖"其布局、尺寸、数据，以便设计完美的室内空间，施工达标的室内空间。全书分别介绍了点、线、面、体与空间，美学法则，尺寸基础，比例与尺度，人体工程尺寸与数据，空间布局常识、尺寸与数据，家居空间布局实战，家具、设备尺寸，检验实测实量，商业、办公空间的布局等内容。

本书采用图例、图标、图说＋表格的方式编写，力争使装修空间、布局、尺寸、数据等一目了然。

本书适用于装修设计师、室内设计人员、施工人员、监督监理人员、业主、建材设备家具销售生产相关人员，也可供社会青年、务工人员、相关院校师生、培训学校师生、灵活就业人员、装修装饰相关人员等参考阅读。

图书在版编目（CIP）数据

室内空间尺寸与布局解剖书/阳鸿钧等编著.—北京：化学工业出版社，2022.8

ISBN 978-7-122-41442-7

Ⅰ．①室…　Ⅱ．①阳…　Ⅲ．①室内装饰设计　Ⅳ．① TU238

中国版本图书馆 CIP 数据核字（2022）第 086508 号

责任编辑：彭明兰　邹　宁　　　　　　装帧设计：史利平
责任校对：宋　夏

出版发行：化学工业出版社（北京市东城区青年湖南街 13 号 邮政编码 100011）
印　　刷：三河市航远印刷有限公司
装　　订：三河市宇新装订厂
710mm×1000mm　1/16　印张16　字数287千字　2023 年 1 月北京第 1 版第 1 次印刷

购书咨询：010-64518888　　　　　售后服务：010-64518899
网　　址：http://www.cip.com.cn
凡购买本书，如有缺损质量问题，本社销售中心负责调换。

　　装修室内空间的布局，要做到美观、合理、安全、达标、舒适、易实现，甚至完美等要求，都离不开对空间基础、美学法则、布局基础与实战、尺寸尺度数据等的掌握。

　　为便于高效学习与速查、应用，本书直接采用图例、图标、图说 + 表格的方式，通过看图、查阅表格，达到既形象又轻松易懂、便于快查的目的，即实现"易学易记易运用，常查常看巧熟记"。

　　本书的具体内容如下。

　　◆点、线、面、体与空间：夯实布局的基础。

　　◆美学法则：掌握美的秘密。

　　◆尺寸基础：学会布局的准绳。

　　◆比例与尺度：探索美的潜在。

　　◆人体工程尺寸与数据：布局以人为本的空间。

　　◆空间布局常识、尺寸与数据：布局学会灵活用。

　　◆家居空间布局实战：践行实用技能。

　　◆家具、设备尺寸：布局摆装得靠谱。

　　◆检验实测实量：把握达标要求。

　　◆商业、办公空间的布局：活学活用全能行。

　　本书的特点如下。

　　特点一：介绍了必须掌握的"必备功"——基础、常识、尺寸、数据以及活用等知识。

　　特点二：轻松解锁解剖空间布局的"关联性"——图多文少，要点分明，直观明了，速查快用。

　　特点三：内容丰富，适用性广——适合从 0 到 1、从入门到精通、从家装到店装工装的学习与参考。

　　本书适用于装修设计师、室内设计人员、施工人员、监督监理人员、业主、建材设备家具销售生产相关人员，也可供社会青年、务工人员、相关院校师生、培训学校师生、灵活就业人员、装修装饰相关人员等参考阅读。

本书由阳鸿钧、阳许倩、阳育杰、欧小宝、许四一、阳红珍、许满菊、许小菊、阳梅开、阳苟妹、许秋菊、唐许静等人员参加编著或支持编著。

本书编著过程中，还得到了其他同志的支持，在此表示感谢。另外，本书在编著中，还参考了相关人士的相关技术资料，在此也向他们表示感谢。

由于时间有限，书中不足之处在所难免，敬请读者批评、指正。

编著者

2022 年 8 月

目录

第3章
尺寸基础　学会布局的准绳　38

第4章
比例与尺度　探索美的潜在　46

第 5 章
人体工程尺寸与数据　布局以人为本的空间　56

第6章
空间布局常识、尺寸与数据　布局学会灵活用　　126

第7章
家居空间布局实战　践行实用技能

146

第 8 章
家具、设备尺寸　布局摆装得靠谱

176

第 9 章
检验实测实量 把握达标要求

206

第10章
商业、办公空间的布局　活学活用全能行　233

部分参考文献　242

第 **1** 章
_____

点、线、面、体与空间
夯实布局的基础

1.1
_____

点

1.1.1 点的特点

点在造型设计上有形状、大小、位置之分。通常点越小，越有点的特性；点越大，越容易产生面的形态特征。

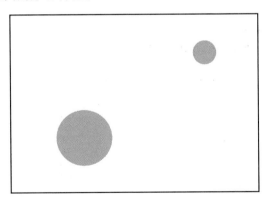

1.1.2 点的形态特征

点的形态：圆形、三角形、方形等抽象形状，或一滴墨、一粒瓜子、一盏灯具等具体形式。

点具有简单、集中、无方向等特征。点的视觉特征为：具有注目性，能形成视觉中心。

1.1.3 单个点在画面中位置的美学感

单个点在画面中的位置不同，产生的心理感是不同的。

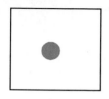 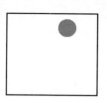 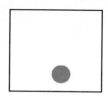 

居中的点有平静、　　偏上的点有不稳定　　偏下的点会产生安定　　位于画面三分之二偏
集中感　　　　　　感，形成自上而下的　的感觉，但是容易被　上位置的点最易吸引
　　　　　　　　　视觉流程　　　　　人忽略　　　　人的观察力、注意力

1.1.4 大小位置不同的两点在画面中的美学感

点的大小、位置会涉及尺寸、位置数据：点大到一定程度会具有面的性质，并且越大会越空乏；越小的点积聚感会越强。

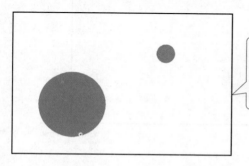

画面中两个大小不同的点，大的点先引起人的注意，但是视线会逐渐从大的点转向小的点，最后会集中到小的点上

1.1.5 多个点在画面中的美学感

点与点之间存在着张力，点的靠近会形成线的感觉。较多的点集合在一起，会形成面。

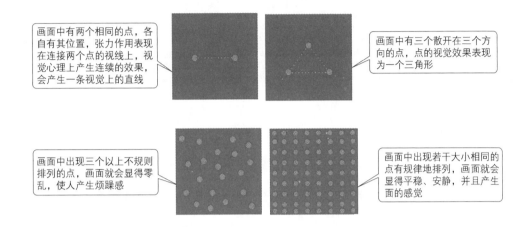

画面中有两个相同的点，各自有其位置，张力作用表现在连接两个点的视线上，视觉心理上产生连续的效果，会产生一条视觉上的直线

画面中有三个散开在三个方向的点，点的视觉效果表现为一个三角形

画面中出现三个以上不规则排列的点，画面就会显得零乱，使人产生烦躁感

画面中出现若干大小相同的点有规律地排列，画面就会显得平稳、安静，并且产生面的感觉

1.1.6 明暗点的错视

明亮的点有处于前面的感觉，并且感觉较大。黑色的点有后退的感觉，并且感觉较小。

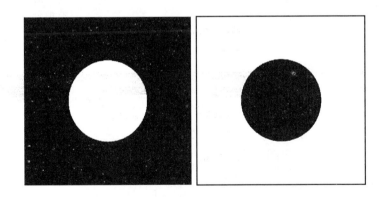

1.1.7 大小点的错视

本来是两个一样大小的点，由于一个点的周围是小点，另一个点的周围是大点，则会产生大小不同的错视感。

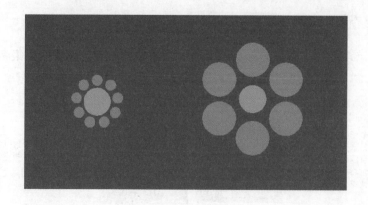

1.1.8 夹角点的错视

相同的点，离夹角边近的点有大的感觉，离夹角边远的点有小的感觉。

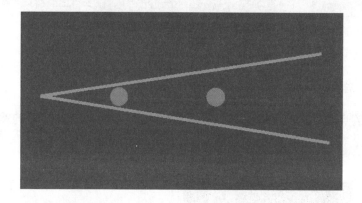

1.1.9 散点式的构成形式

不同大小、疏密的点混合排列，可以构成散点式的构成形式。

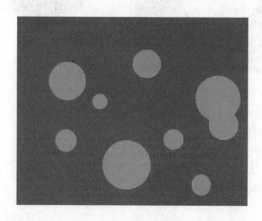

1.1.10　规律排列点式的构成形式

　　点的螺旋排列，可以产生线化的效果。点有序地排列，可以形成秩序美。

　　大小一致的点，根据一定的规律排列，给视觉留下一种点移动产生线化的感觉。大小一致的点以相对的方向逐渐重合，会产生微妙的动态感觉。

　　大小不同的、数量较多的点组成排列，可以表现出画面的空间感。

　　大小不同的点，根据一定的顺序排列，可产生点的面化感觉。

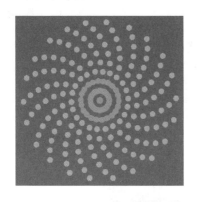 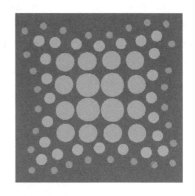

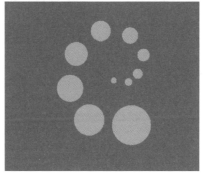

1.2
线

1.2.1　线的特点

　　线是点移动的轨迹，游离于点与形之间，可以起到分割画面空间区域的作用，其有明确的视觉传达功能。线具有长度、宽度、位置、方向、形状等属性。

　　直线具有明确、单纯、坚强、顽强、简朴的性格，具有男性化特征。

　　曲线有韵律、有弹性、有动感，柔和、灵动、柔软、活泼，富有弹性，具有女性特征。不同的曲线可表示丰富的性格。

水平线

安定、舒展、静
止、延伸，使人
联想到广阔的地
平线、广袤的田
野

垂直线

明确、坚强、严
肃、挺拔、刚毅、
上升、下降。过
粗的垂直线代表
信心，过细的垂
直线给人细弱渺
小的心理感受

斜线

很强的方向感、速
度感，表现出速
度、不安、方向、
运动、不稳定

折线

紧张、动荡、跳跃感

几何曲线

典雅、节奏、规范、
有秩序、柔美

自由曲线

流畅、轻快、自由、活泼、浪漫

虚线

给人犹豫、虚幻、不干脆等感受

不规则线

给人粗犷、自由等感受

1.2.2　线的错视

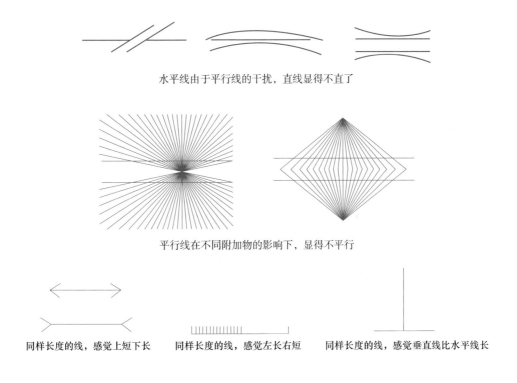

水平线由于平行线的干扰，直线显得不直了

平行线在不同附加物的影响下，显得不平行

同样长度的线，感觉上短下长　　　同样长度的线，感觉左长右短　　　同样长度的线，感觉垂直线比水平线长

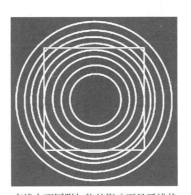

直线在不同附加物的影响下呈弧线状

同等长度的两条直线，由于它们两端端点形状不
同，感觉长短也不同

1.3

面

1.3.1 面的特点

面是由线的连续移动形成的。直线一端移动可形成扇形的面，直线平行移动可形成矩形的面，直线旋转移动可形成圆形的面，斜线平行移动可形成菱形的面。

面具有长度、宽度等属性。点线的扩张、规则排列均可形成面。

面的形态包括：几何形、有机形、偶然形、不规则形。面也可与点、线集合，形成不同的视觉效果。

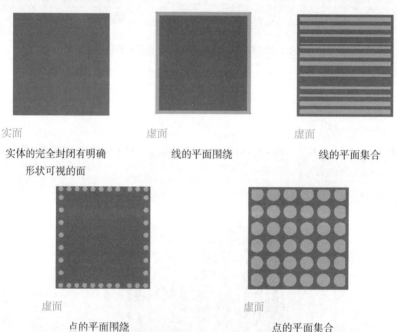

实面
实体的完全封闭有明确
形状可视的面

虚面
线的平面围绕

虚面
线的平面集合

虚面
点的平面围绕

虚面
点的平面集合

1.3.2 面的特征

直线形的面
具有直线所表现的心理特征，有秩序
感，表现出安定、男性化的性格

曲线形的面
具有轻松、柔软、饱满的特征，表
现出女性化的性格

1.3.3 面的错视

深色的面，感觉显小

浅色的面，感觉显大

等距离的垂直线、水平线组成的两个
正方形，感觉长宽不一样

同样大小的圆，感觉亮的大，黑的小

同样大小的圆，感觉上面的大，下面的小

上下一样的比例情形，明显缺少美观、均衡感

写3、B、8、S等美术字时应注意上紧下松，以
求美观、均衡

1.4
体与空间及应用

　　体与空间在造型上是相辅相成的。立体在空间中呈现形态，空间是依据立体
的界定而形成的。

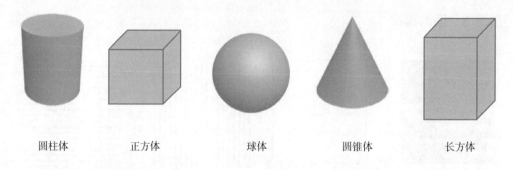

| 圆柱体 | 正方体 | 球体 | 圆锥体 | 长方体 |

1.5

点、线、面、体在空间中的应用

点、线、面、体的联系，可以通过尺寸布局来实现。空间中布局的点、线、面、体，可以通过图与实际配置安装来实现，其中尺寸、尺度起到非常重要的作用。

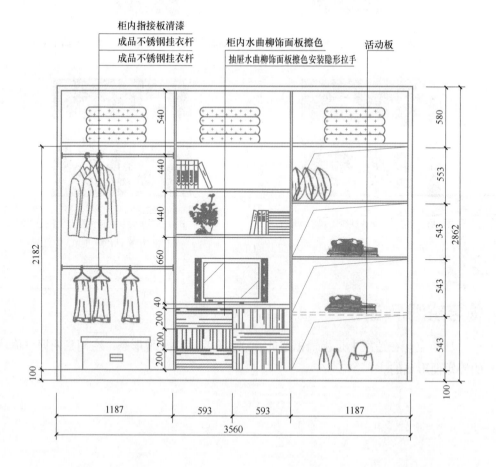

1.5.1 地砖在空间中的应用

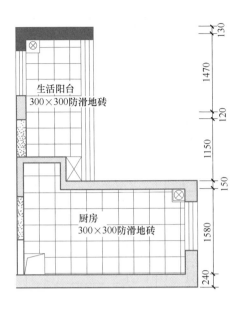
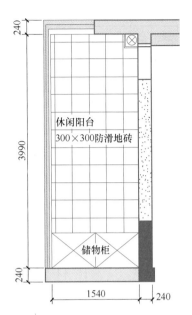

1.5.2 装修花格图样

1.5.3 装修木雕线条图样

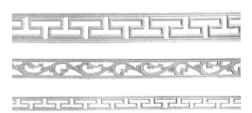

1.5.4　墙面装修石膏线条布局图样

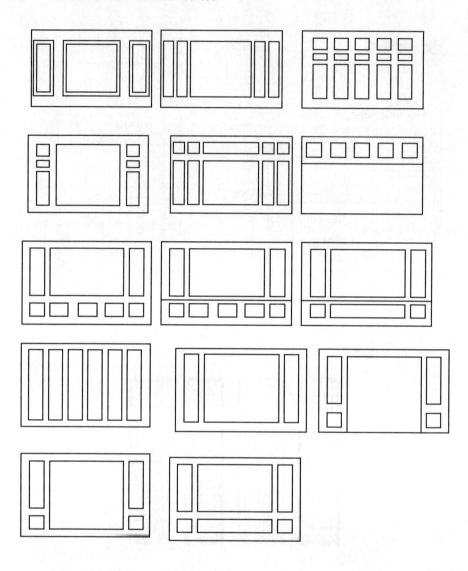

1.5.5　装修角花图样

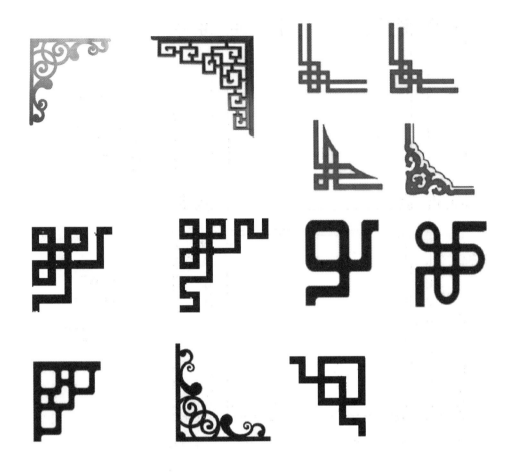

1.5.6　装修角花布局应用

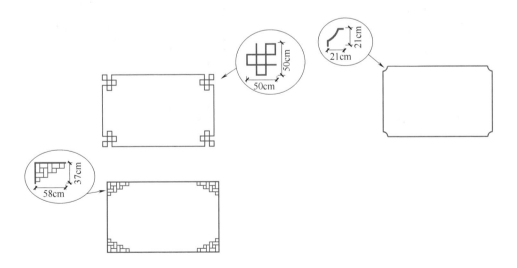

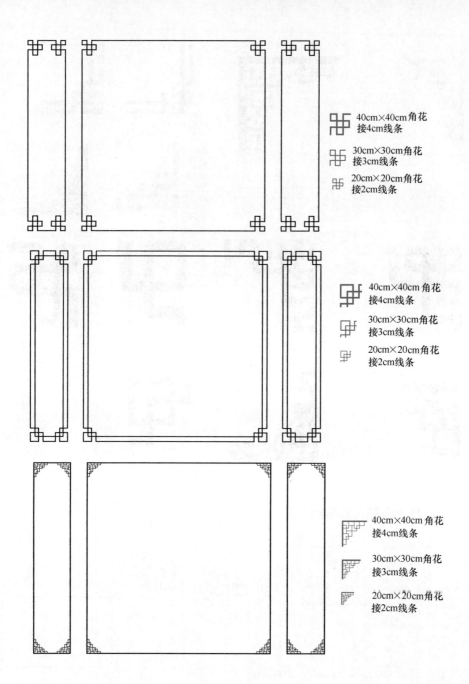

40cm×40cm角花
接4cm线条

30cm×30cm角花
接3cm线条

20cm×20cm角花
接2cm线条

40cm×40cm角花
接4cm线条

30cm×30cm角花
接3cm线条

20cm×20cm角花
接2cm线条

40cm×40cm角花
接4cm线条

30cm×30cm角花
接3cm线条

20cm×20cm角花
接2cm线条

第**2**章

美学法则
掌握美的秘密

2.1

形与形的关系

构成设计中，基本形的特点要单纯、简化，这样才能够使构成形态产生整体而有秩序的统一感。

2.1.1 分离

分离（相邻），也就是形与形保持距离而又互不接触。

2.1.2 接触

接触，也就是形与形间的边缘正好相切。

2.1.3 覆叠

覆叠，也就是形与形之间是覆盖关系，并且由此产生上下、前后的空间关系。

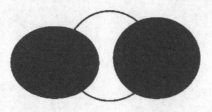

2.1.4 透叠

透叠，就是一个形与另一个形重合，保留原形态的边缘线，丰富了再造形的视觉效果。

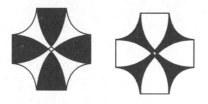

2.1.5 减缺

减缺，也就是一个正形被一个负形所覆盖，并且使正形产生减缺现象，被减缺的形较之减缺前的形较小，构成了新的形。

2.2
对称

2.2.1 对称的特点

对称就是指两个以上的单元形状，在一定秩序下向中心点、轴线或轴面构成的映射现象。对称给人以庄重、大方、严肃等感受。

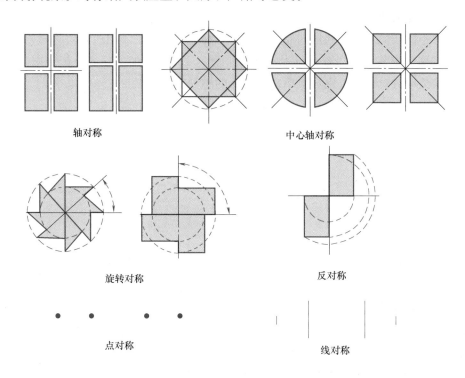

轴对称   中心轴对称

旋转对称   反对称

点对称   线对称

2.2.2 对称的实现

对称能够让人从心理上产生一种安全感。对称的布局往往采用相对尺寸或者

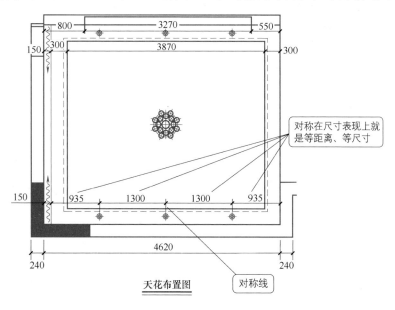

对称在尺寸表现上就
是等距离、等尺寸

天花布置图   对称线

绝对尺寸相同、局部尺寸或者整体尺寸相同来实现。

对称包括左右对称，上下对称，同形、同质、同色对称等绝对对称，还包括同形不同质的对称、同形同质不同色的对称、同形同色不同质的对称等相对对称。对称追求装饰空间布局与视觉上的平衡、安定、均匀。室内装修空间布局，往往避免绝对对称，以免产生单调、呆板的感受。

2.3
均衡

2.3.1 均衡的特点

室内装修空间均衡布局，就是各物体的形、色、光、质等有均等的感受。视觉均衡模式，能够给人灵活、自由、富于变化等感受。

均衡的形式，可以根据形象的大小、轻重、色彩等视觉要素，以视觉冲击最强处作为支点、中点，让其他元素均衡地分布在该支点的周围。均衡的表现手法往往是元素在尺寸上不相同，但是某个量的数据是一样的。

均衡可分为不稳定均衡、中立均衡、稳定均衡。

不稳定均衡：重心下面的一点支撑物体，稍受外力作用即刻倾倒，呈不稳定的平衡状态。

中立均衡：不论物体如何移动都能保持稳定的状态。

稳定均衡：将物体的基座加大，或重心下移，以提高物体的稳定程度。

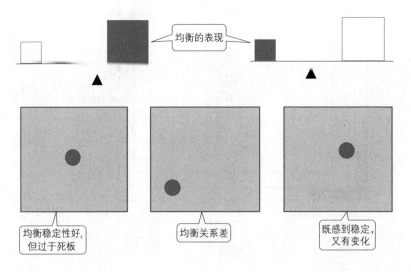

均衡的表现

均衡稳定性好，但过于死板

均衡关系差

既感到稳定，又有变化

物体重心均衡：重心较高的给人轻巧感，重心较低的给人安定感

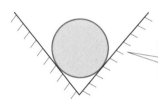

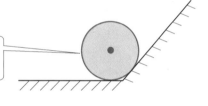

接触面均衡：面积大给人安定感，面积小给人轻巧感

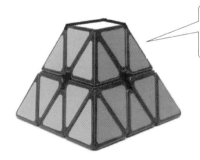

体量均衡：由上而下逐渐增加给人安定感，由下而上逐渐增加给人不安定感

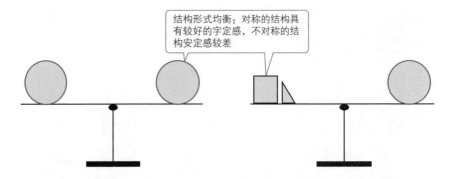

色彩与分布均衡：明度低的量感大，明度高的量感小。材质均衡：表面粗的给人安定感。

2.3.2 均衡的类型

均衡的类型有点的均衡、线的均衡、面的均衡等。

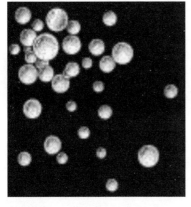

点的均衡
点的大小、形状、疏密、黑白、遮挡、颜色等的排列、组合产生美感

线的均衡
首先选择重心的位置，一般重心的部位越接近画面的中心，其安定感越好

2.4
重复

2.4.1 重复的特点与类型

重复，就是对单个或不同要素做出有秩序、有规律的重复变化。重复的特征是形象的连续性。重复能够产生秩序美感。室内装修空间中的壁纸、地板、窗

格、装饰墙等的布局可以采用重复的表现手法。

　　骨骼是构成图形的骨架、格式。重复图形中，骨骼支配固定着单元的排列方式、位置、尺寸，决定每个重复单元的距离尺寸、空间布局。规律性骨骼，就是根据数学方式，有秩序地排列的框架。规律性骨骼包括重复、近似、渐变、发射等构成方法。规律性骨骼，又可以分为作用性骨骼、无作用性骨骼。作用性骨骼就是每个单元的基本形必须控制在骨骼线内，即在固定的空间中，根据整体形象的需要安排基本形。无作用性骨骼就是将基本形单元安排在骨骼线的交点上。骨骼线的交点也就是基本形间的中心距离。形象构成完成后，可将骨骼线去掉。

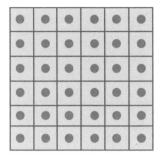

规律性骨骼　　　　　　　　　　　　　　非规律性骨骼

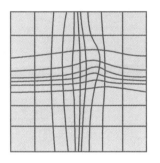

半规律性骨骼

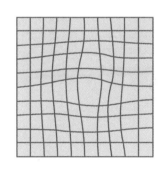

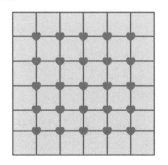

作用性骨骼　　　　　　　　　　　　　　无作用性骨骼

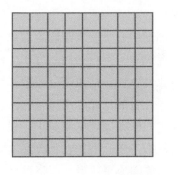
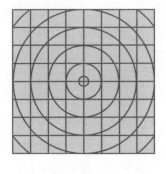

单一骨骼　　　　　　　　　　　　复合骨骼

2.4.2　作用性骨骼的表现形式

2.4.3　基本形

　　基本形，就是构成图案的最基本的单位。一条线段、一个方块、一个圆点、一个小图案等，均可以作为基本形。基本形也可以加以适当的变化。基本形的设计宜简忌繁。

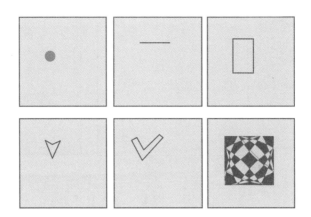

2.4.4 重复的基本形

在设计中不断地使用同一个基本形，则该基本形就是重复基本形。重复基本形能够使设计产生和谐的感觉，但是如果重复毫无变化，则也会产生单调感。重复方向有简单重复（完全重复、无变化重复）不定方向、交错方向、渐变方向、近似方向等。

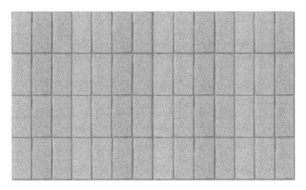

墙壁空间粘贴小块瓷砖，可视为重复的基本形

细小密集的基本形重复，可以产生形态肌理的效果

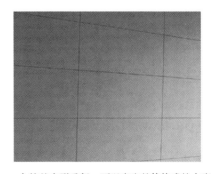

大的基本形重复，可以产生整体构成的力度

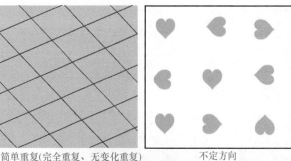

简单重复(完全重复、无变化重复)　　　　不定方向

近似方向

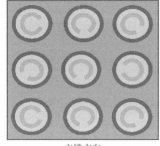

交错方向

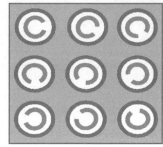

渐变方向

2.4.5　重复的构成形式

单元基本形的重复，也就是一个单元组合形体反复地排列。

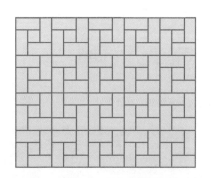

单元基本形（瓷砖）组合排列

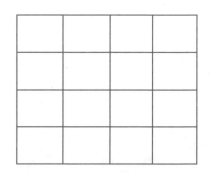

单元基本形（瓷砖）直线排列

2.4.6　基本形的排列方法

如果基本形排列大而少，则其效果简单有力；如果基本形排列小而繁密，则其效果表现为由无数细小单元组成的肌理。

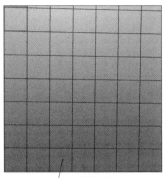

50mm×50mm的瓷砖

基本形（瓷砖）的重复排列

基本形（瓷砖）的正负交替排列，可增强对比的效果

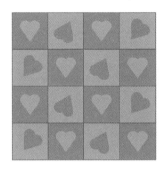

基本形在方向上变化，也可以结合正负形交替变化

2.4.7　基本形四面连续发展的重复形式

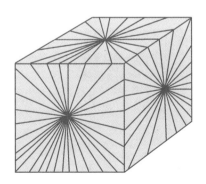

基本形四面连续发展的重复形式，也可以采用重复群化构成

2.4.8　重复构成的错觉

2.5.1　近似的特点

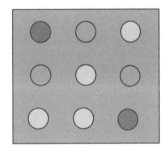

近似，就是形体间少量的差异与微小的变化，是通过比较形间微弱的变化来达到看似一致的效果。近似的单元形，可以在形状、大小、色彩、肌理等方面有着共同的特征，然后在统一中求变化。近似，可以达到求大同、有小异，统一中富有变化的效果。

近似的构成分为基本形的近似、重复骨骼的基本形近似。

2.5.2　基本形的近似

基本形的近似，主要是指形状、大小等方面的近似。基本形的近似是相对的。

2.5.3　近似基本形

联想法，就是从同谱、同族、同种、同类，或意义、功能等方面取其近似又不相同的某种因素。近似基本形的求取方法有：利用骨骼求取近似形，利用同类别的形求取近似形，利用形与形间的相加与相减求取近似形，以一个理想基本形为基础进行变化。

利用同类别的形求取近似形

2.5.4　异形异构近似基本形

异形异构，是指差异性很大、关联性较小的一类构成方式。异形异构中基本形的外形、内部结构均不相同，但是内在的艺术表现形式是一样的。

2.5.5　同形异构近似基本形

同形异构，是指外形相同、内部结构不同的造型方法。形状的近似，应先找一个基本形作为原始的材料，再在这个基础上做一些加、减、形状、大小、正负、方向、色彩等方面的变化。该变化的强弱要注意，不能变得形状间一点相似的因素都没有了。

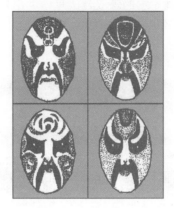

2.5.6 异形同构近似基本形

异形同构，是指外形不同、内部结构相同的造型方法。

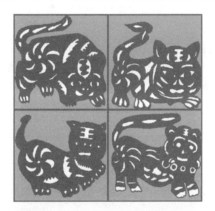

2.5.7 相加相减近似基本形

相加，相当于联合，也就是由两个或更多的形象组合，在方向、位置方面进行变化。

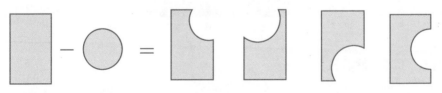

相减近似基本形

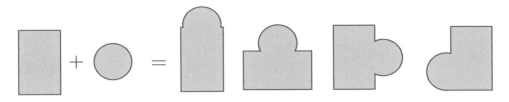

相加近似基本形

2.5.8　压缩伸展法近似基本形

利用变形手法，把基本形进行伸张或压缩，也能够得到近似的效果。

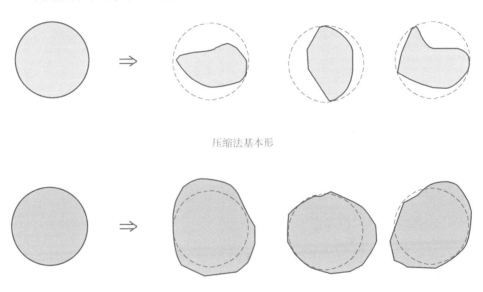

压缩法基本形

伸展法基本形

2.5.9　切割组合法近似基本形

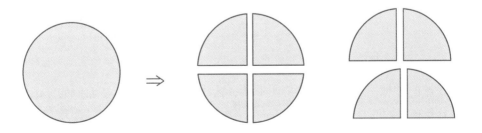

2.5.10 线质变动法近似基本形

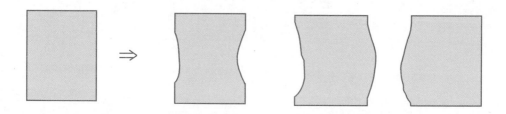

2.5.11 等量形变法近似基本形

同一基本形在空间中旋转方向，也能够得到近似的形状。

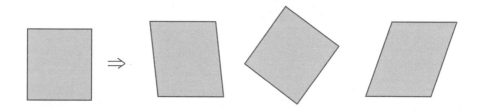

2.5.12 削切法近似基本形

削切法，就是将某一种完整形象变得不完整，使其残缺或崩碎。

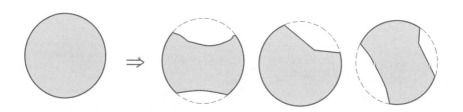

2.5.13 骨骼的近似

骨骼的近似，就是骨骼单位的形状、大小有一定变化，是近似的，或将基本形分布在设计的骨骼框架内，使每个基本形以不同的方式、形状出现在单位骨骼里。

2.5.14　近似与渐变、重复的区别

　　近似与渐变的区别为：渐变的变化是规律性很强的，基本形排列严谨；近似的变化性不强，基本形与其他视觉要素的变化较大，也比较活泼。

　　近似与重复的区别为：近似是在重复的基础上，使基本形出现微小的变化。与重复相比，近似可以引起好奇心、探索兴趣，可以增加画面的活泼性。

近似　　　　　　　　　　　　　　　　　重复

2.5.15　形状近似的要求

　　基本形在变化时，动态、处理手法不要发生很大的变动，或者骨骼不变，只是基本形发生微妙的变化。同一幅作品中要有一个主题，不要用太多的处理手

法，以免给人杂乱无章的感觉。总之，近似要让人感觉到，近似的形与形之间是一种同类的关系。

近似过分地统一，会使人感到画面单调乏味且失去生动感；近似过分地变化，会失去近似本身的特点，使画面难以协调。近似程度可大可小，近似程度大则易产生重复感，近似程度太小，则会破坏统一感，失去近似的意义。

骨骼近似

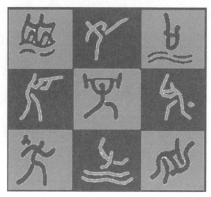

表现手法近似

2.6
渐变

2.6.1 渐变的特点

渐变是一种规律性很强的现象，其是在一定秩序中将基本形有规律地递增，或者递减，或者将形由此到彼慢慢转化。比起重复的同一性，渐变呈现出阶段性变化的美，更有生气，展现出调和秩序，具有节奏韵律美。

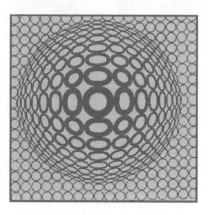

2.6.2　方向渐变

基本形具有方向性时，可以作基本形排列的方向渐变。点构成中，由正面渐次地转向侧面，可以产生强烈的空间感。线构成中，渐次改变线的方向，可以产生曲面的感觉。

2.6.3　位置渐变

位置渐变可以增强画面中动的因素。在作用性骨骼中，单元形根据秩序发生位移，超出骨骼外的部分可以被切除。

2.6.4　骨骼渐变

骨骼渐变，也就是骨骼有规律地发生变化，使基本形在形状、渐变构成、大小、方向上发生变化。骨骼渐变，分为单元渐变骨骼、双元渐变骨骼、分条渐变骨骼、等级渐变骨骼、阴阳渐变骨骼等。

渐变骨骼的骨骼线比基本形更重要。

渐变骨骼的骨骼线数量较多、疏密对比较大或基本的渐变较复杂时，则基本形应尽量简练。

2.6.5 大小、间隔渐变

大小渐变，可以由基本元素由大到小或由小到大地渐变排列，会产生深度与空间效果。间隔的渐变，可以产生不同的疏密关系，使画面呈现明暗调子。点可以根据一定的骨骼大小渐变。

2.6.6 形象渐变

从一种形象向另一种形象的逐渐过渡，可以增加欣赏情趣。

2.6.7　渐变的注意点

　　注意明确采用什么方式进行渐变。注意明确基本形在进行渐变过程中的始与终的形状。渐变的节奏规律性与渐变的次数也须注意，还应注意渐变后部分形体与整体的效果是否统一。

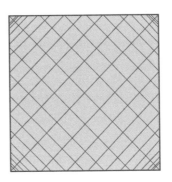

2.7
对象、知觉整体性与图形

2.7.1　对象与背景的差别

　　知觉对象与背景间的差别越大，则对象越容易从背景中区分出来。

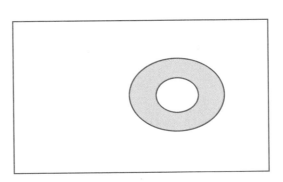

2.7.2　易于形成图形的条件

　　含有暖色色相的部分比冷色色相的部分易形成图形。向水平或垂直方向扩展的部分比斜向扩展的部分易形成图形。

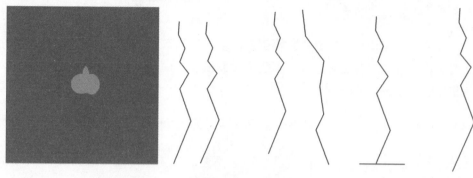

面积小的部分比大的部分易形成图形

对称部分比不对称部分易形成图形。幅宽相等的部分比幅宽不相等的部分易形成图形

与下边相联系的部分比从上边垂落下来的部分易形成图形

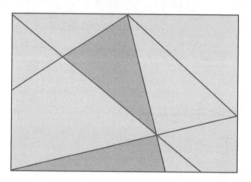

同周围环境的亮度差大的部分比小的部分易形成图形

2.7.3 影响人知觉整体性的因素

知觉整体性，就是把知觉对象的各种属性、各个部分认识成为一个具有一定结构的整体。

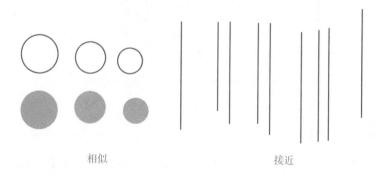

相似

接近

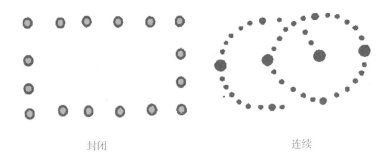

封闭   连续

2.7.4 图形中的错觉

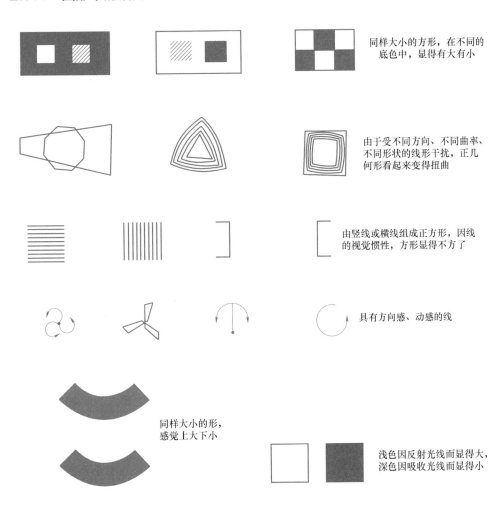

同样大小的方形，在不同的底色中，显得有大有小

由于受不同方向、不同曲率、不同形状的线形干扰，正几何形看起来变得扭曲

由竖线或横线组成正方形，因线的视觉惯性，方形显得不方了

具有方向感、动感的线

同样大小的形，感觉上大下小

浅色因反射光线而显得大，深色因吸收光线而显得小

第 3 章

尺寸基础
学会布局的准绳

3.1

尺寸的换算、类型与比例

3.1.1 常见尺寸的换算

长度的国际单位为"米"，常写作"m"，另外，也常用千米（km）、分米（dm）、厘米（cm）、毫米（mm）等。

1m=10dm=100cm=1000mm（1 米 =10 分米 =100 厘米 =1000 毫米）

1m=3 市尺 =3.2808ft（1 米 =3 市尺 =3.2808 英尺）

1 市尺 =10 市寸

1ft=12in（1 英尺 =12 英寸）

1cm=0.3927in（1 厘米 =0.3927 英寸）

1km=1000m（1 千米 =1000 米）

3.1.2 图上尺寸与实际尺寸

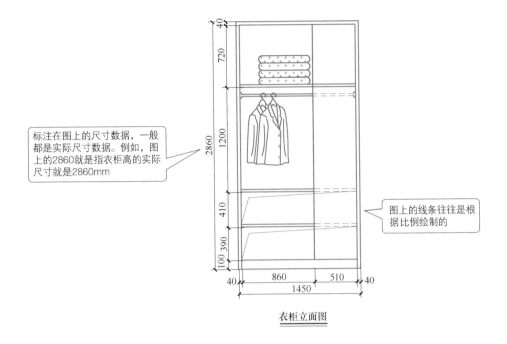

标注在图上的尺寸数据,一般都是实际尺寸数据。例如,图上的2860就是指衣柜高的实际尺寸就是2860mm

图上的线条往往是根据比例绘制的

衣柜立面图

3.1.3 尺寸比例

图上尺寸与实际尺寸的比例,就是比例尺。例如,比例 1∶100= 图上尺寸 1∶实际尺寸 100。注意确定好正确的单位。也就是,用尺子在图上画 1mm 就等于实际尺寸 100mm,如果采用 cm 为单位,则用尺子在图上画 1cm 就等于实际尺寸 100cm。反过来,如果实际尺寸 100cm,根据比例 1∶100,则用尺子在图上画 1cm。如果实际尺寸 400cm,根据比例 1∶100,则用尺子在图上画 4cm。

墙壁长
实际尺寸为4m

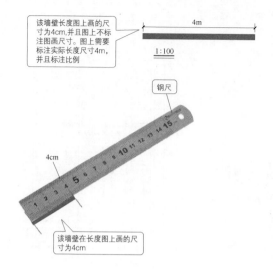

该墙壁长度图上画的尺寸为4cm,并且图上不标注图画尺寸。图上需要标注实际长度尺寸4m,并且标注比例

4m

1:100

钢尺

4cm

该墙壁在长度图上画的尺寸为4cm

3.2

尺寸工具

3.2.1　室内装修实测与放线的工具

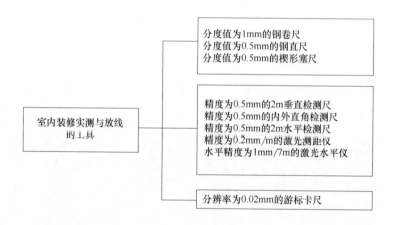

室内装修实测与放线的工具

分度值为1mm的钢卷尺
分度值为0.5mm的钢直尺
分度值为0.5mm的楔形塞尺

精度为0.5mm的2m垂直检测尺
精度为0.5mm的内外直角检测尺
精度为0.5mm的2m水平检测尺
精度为0.2mm/m的激光测距仪
水平精度为1mm/7m的激光水平仪

分辨率为0.02mm的游标卡尺

3.2.2　常见钢尺的识读

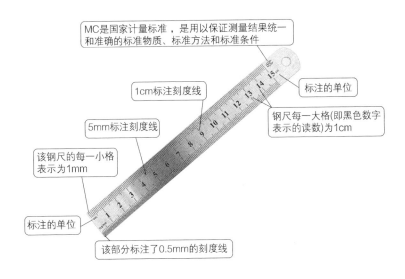

MC是国家计量标准，是用以保证测量结果统一和准确的标准物质、标准方法和标准条件

标注的单位

1cm标注刻度线

5mm标注刻度线

钢尺每一大格(即黑色数字表示的读数)为1cm

该钢尺的每一小格表示为1mm

标注的单位

该部分标注了0.5mm的刻度线

3.2.3　常见卷尺的特点

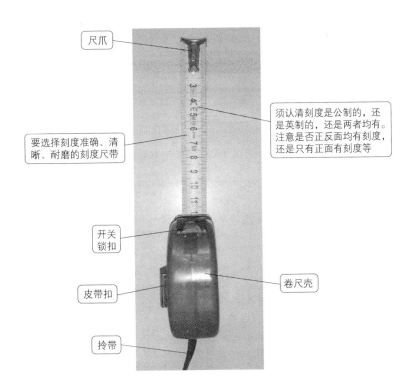

尺爪

须认清刻度是公制的，还是英制的，还是两者均有。注意是否正反面均有刻度，还是只有正面有刻度等

要选择刻度准确、清晰、耐磨的刻度尺带

开关锁扣

皮带扣

卷尺壳

拎带

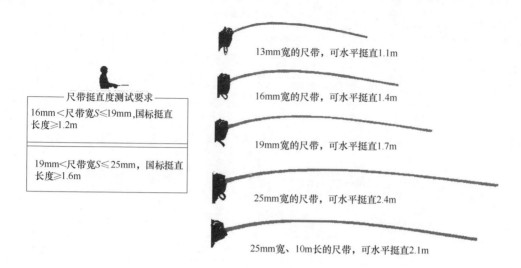

尺带挺直度测试要求

16mm<尺带宽S≤19mm,国标挺直长度≥1.2m

19mm<尺带宽S≤25mm,国标挺直长度≥1.6m

13mm宽的尺带,可水平挺直1.1m

16mm宽的尺带,可水平挺直1.4m

19mm宽的尺带,可水平挺直1.7m

25mm宽的尺带,可水平挺直2.4m

25mm宽、10m长的尺带,可水平挺直2.1m

3.2.4　常见卷尺的识读

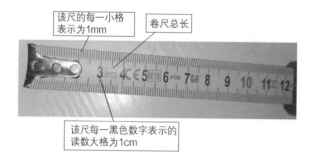

该尺的每一小格表示为1mm

卷尺总长

该尺每一黑色数字表示的读数大格为1cm

3.2.5　常见卷尺的测量

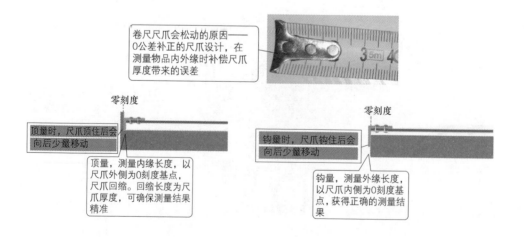

卷尺尺爪会松动的原因——0公差补正的尺爪设计,在测量物品内外缘时补偿尺爪厚度带来的误差

零刻度

顶量时,尺爪顶住后会向后少量移动

顶量,测量内缘长度,以尺爪外侧为0刻度基点,尺爪回缩。回缩长度为尺爪厚度,可确保测量结果精准

零刻度

钩量时,尺爪钩住后会向后少量移动

钩量,测量外缘长度,以尺爪内侧为0刻度基点,获得正确的测量结果

3.2.6 水平尺、靠尺

水平尺是用来测量水平度的工具，往往带有水平泡，可以用于检验、测量、划线、安装、瓷砖铺贴施工等。

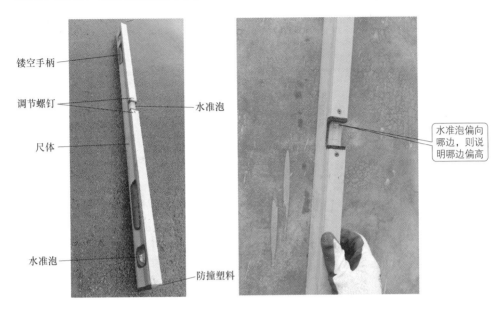

镂空手柄
调节螺钉
尺体
水准泡
水准泡
防撞塑料
水准泡偏向哪边，则说明哪边偏高

水平尺的横向水准泡是用来测量水平面的，当其水准泡在中间时，表示平面是水平状态。如果水准泡偏向哪边，则说明哪边偏高。

有的水平尺采用双水泡、三水泡设计，可用于测量垂直度、45°角等。

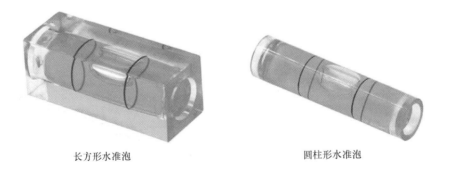

长方形水准泡   圆柱形水准泡

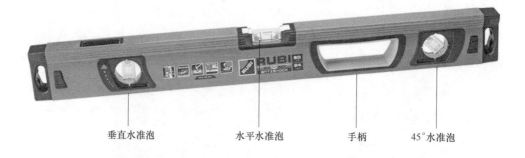

垂直水准泡　　　　　水平水准泡　　　　　手柄　　　　　45°水准泡

3.2.7 角尺

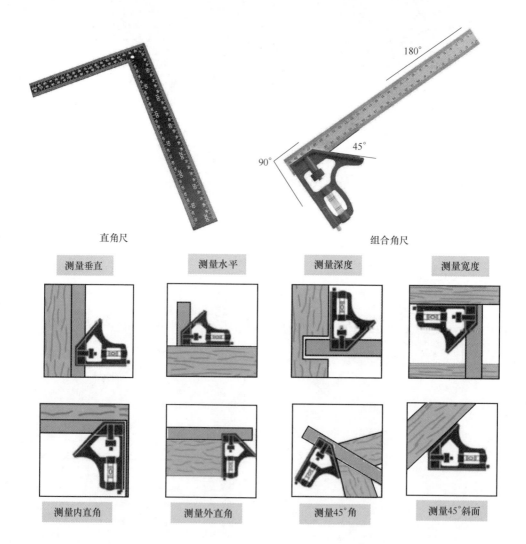

直角尺　　　　　　　　　　　　　　　组合角尺

| 测量垂直 | 测量水平 | 测量深度 | 测量宽度 |

测量内直角　　　　　测量外直角　　　　　测量45°角　　　　　测量45°斜面

3.2.8　激光水平仪

　　激光水平仪可以测量基准线、确定控制线。激光水平仪准确性高，并且三线、五线等可以进行综合判断。激光水平仪还可以多台同时确定控制线进行综合判断。

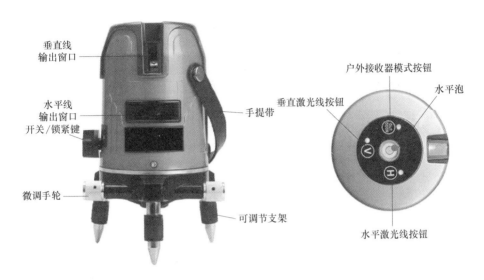

第 **4** 章

比例与尺度
探索美的潜在

4.1
比例

4.1.1 比例形式美法则的特点

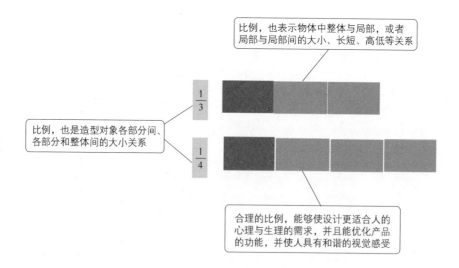

比例，也表示物体中整体与局部，或者局部与局部间的大小、长短、高低等关系

比例，也是造型对象各部分间、各部分和整体间的大小关系

合理的比例，能够使设计更适合人的心理与生理的需求，并且能优化产品的功能，并使人具有和谐的视觉感受

$\frac{1}{3}$

$\frac{1}{4}$

4.1.2　几何法则

具有肯定外形的几何形易引起人的注意，令人产生和谐的形式美感。

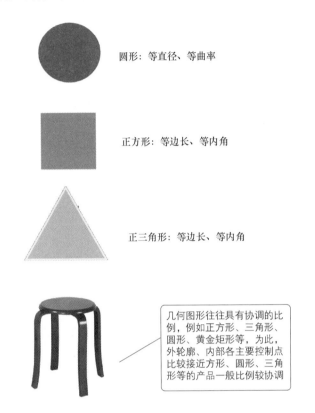

圆形：等直径、等曲率

正方形：等边长、等内角

正三角形：等边长、等内角

几何图形往往具有协调的比例，例如正方形、三角形、圆形、黄金矩形等，为此，外轮廓、内部各主要控制点比较接近方形、圆形、三角形等的产品一般比例较协调

4.1.3　黄金比法则

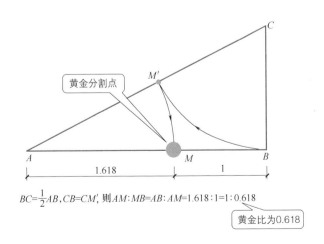

黄金分割点

$BC=\dfrac{1}{2}AB,CB=CM'$，则 $AM:MB=AB:AM=1.618:1=1:0.618$

黄金比为0.618

4.1.4 黄金矩形比例法则

1：0.618 的黄金率长方形，其可以分为一个正方形与一个与原长方形几何相似的小长方形。因此，其在比例上是协调的。具体比例还涉及形状、线条、色彩等要素。

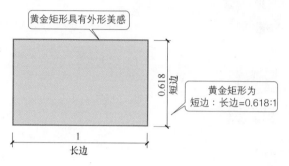

黄金矩形具有外形美感

黄金矩形为
短边：长边=0.618:1

短边 0.618
长边 1

4.1.5 黄金涡线比例法则

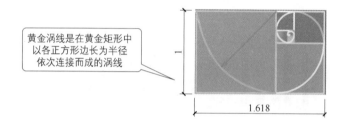

黄金涡线是在黄金矩形中
以各正方形边长为半径
依次连接而成的涡线

1

1.618

4.1.6 平方根矩形

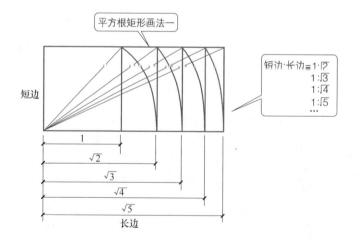

平方根矩形画法一

短边

短边:长边=1:$\sqrt{2}$
1:$\sqrt{3}$
1:$\sqrt{4}$
1:$\sqrt{5}$
...

1
$\sqrt{2}$
$\sqrt{3}$
$\sqrt{4}$
$\sqrt{5}$
长边

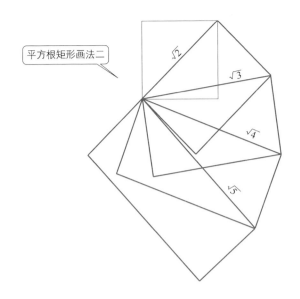

4.1.7　均方根矩形造型比例分割

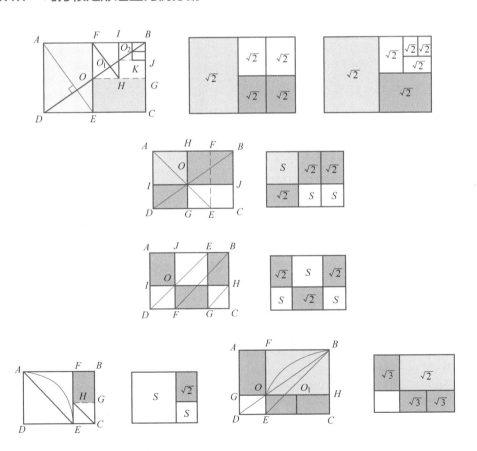

4.1.8　根号矩形与其倒数矩形相似

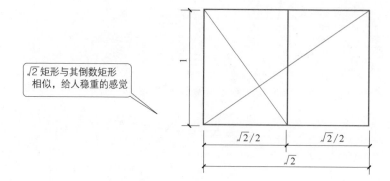

√2矩形与其倒数矩形相似，给人稳重的感觉

4.1.9　三个√3矩形图形的特点

给人以俏皮的感觉

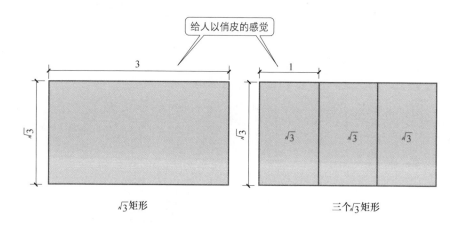

√3矩形　　　　　　　　三个√3矩形

4.1.10　五个√5矩形图形的特点

五个√5矩形,给人纤长感觉

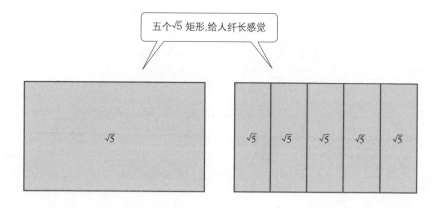

4.1.11　黄金矩形与正方形、√5矩形图形的关系

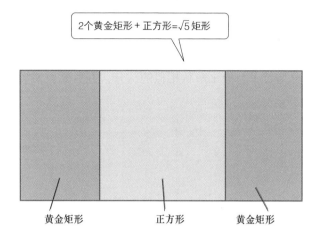

2个黄金矩形 + 正方形=√5矩形

黄金矩形　　　　正方形　　　　黄金矩形

4.1.12　产品面板黄金分割方案

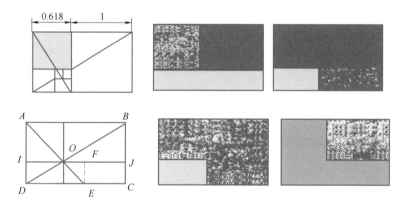

4.1.13　平面 1/3 处划分黄金比例的应用

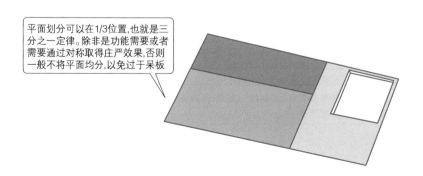

平面划分可以在1/3位置,也就是三分之一定律。除非是功能需要或者需要通过对称取得庄严效果,否则一般不将平面均分,以免过于呆板

4.1.14 数学比例法则

许多造型布局中，比例的数值关系需要简单、严谨，相互间需要成倍数或者分数分割，以便创造良好的比例形式。

某些特殊的长方形，其边长比例为 1：1.14、1：1.732、1：2.236，这样的长方形能够等分为若干与原来形状相似的部分，并且比较协调。

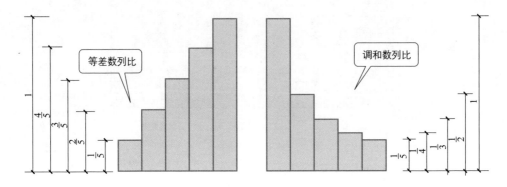

4.1.15 模数比例法则

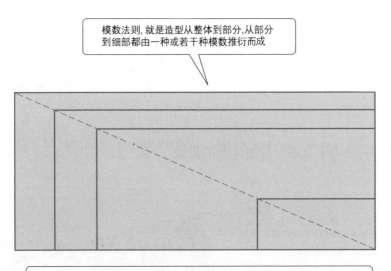

模数法则，就是造型从整体到部分，从部分到细部都由一种或若干种模数推衍而成

等比例矩形，是高宽比相同的一系列矩形，具有相同的比例、共同的对角线，给人以和谐、统一的感觉

4.1.16　对角线特点形象的比较

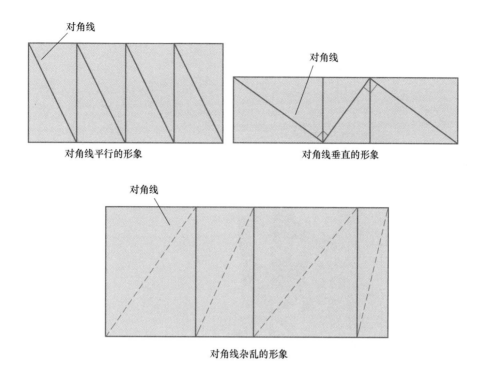

对角线平行的形象

对角线垂直的形象

对角线杂乱的形象

4.1.17　形体比例分割的效果

影响比例改变的因素,包括审美观、技术状况、功能要求等。

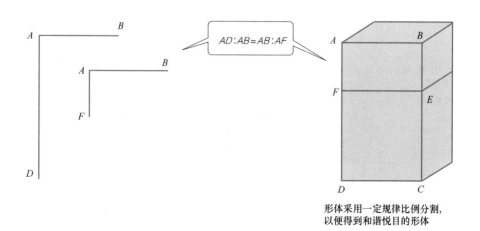

$$AD : AB = AB : AF$$

形体采用一定规律比例分割,
以便得到和谐悦目的形体

4.2
尺度

4.2.1 尺度形式美法则

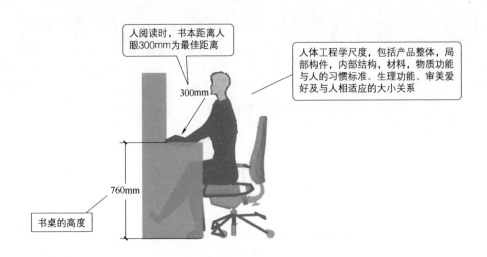

人阅读时，书本距离人眼300mm为最佳距离

300mm

人体工程学尺度，包括产品整体，局部构件，内部结构，材料，物质功能与人的习惯标准、生理功能、审美爱好及与人相适应的大小关系

760mm

书桌的高度

4.2.2 尺度的类型

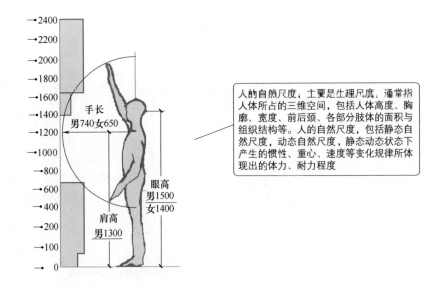

手长
男740女650

眼高
男1500
女1400

肩高
男1300

人的自然尺度，主要是生理尺度，通常指人体所占的三维空间，包括人体高度、胸廓、宽度、前后颈、各部分肢体的面积与组织结构等。人的自然尺度，包括静态自然尺度，动态自然尺度，静态动态状态下产生的惯性、重心、速度等变化规律所体现出的体力、耐力程度

人的尺度，有自然尺度、社会尺度。人的社会尺度，主要包括价值尺度、道德尺度、文化尺度、审美尺度等。

人的自然尺度，决定了造物的尺度、极限。人的自然尺度构成，决定了人的观察方式、接受方式。

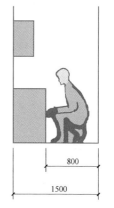

4.2.3 比例与尺度的关系

比例与尺度，是相辅相成的关系。室内装修空间布局，应先设计好尺度，然后推敲比例关系。比例与尺度，需要综合考虑、分析。如果比例与尺度不相适应，则尺度应在允许的范围内做适当调整。

产品尺度，可以在产品物质功能
允许范围内进行调整

4.2.4 把手的尺度要求

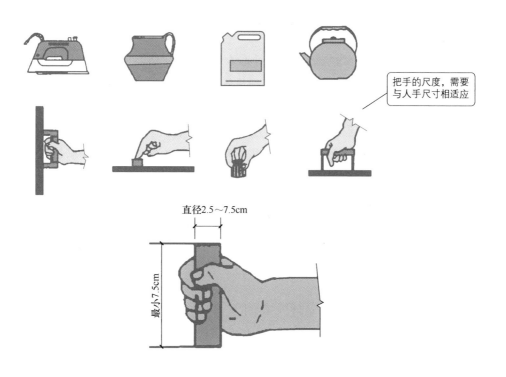

把手的尺度，需要与人手尺寸相适应

第 5 章

人体工程尺寸与数据
布局以人为本的空间

5.1

人体基本尺寸

　　人体尺寸的测量，分为构造尺寸（静态人体尺寸）、功能尺寸（动态尺寸）。构造尺寸是人体处于固定的标准状态下测量的，主要为人使用的各种设备提供数据。人体功能尺寸（动态尺寸），是人在进行某种功能活动时肢体所能达到的空间范围，是人体处于活动状态下测得的数据。虽然构造尺寸对某些设计很有用处，但是对于大多数的设计，功能尺寸也有广泛的用途。毕竟，人总是在运动着。

　　人体尺度、人体活动所需的空间尺度，是确定室内装修空间的基本依据。

　　说明：如无特殊标注，本章标注尺寸单位均为毫米（mm）。

5.1.1　不同年龄的身高

　　目前，我国居民平均身高是持续增长的。2020 年，我国 18 ～ 44 岁的男性居民平均身高为 169.7cm，18 ～ 44 岁的女性居民平均身高为 158cm。2020 年与 2015 年相比，18 ～ 44 岁的男性居民平均身高增加 1.2cm，女性增加 0.8cm。2020 年与 2015 年相比，6 ～ 17 岁的男孩各年龄组平均身高增加了 1.6cm，6 ～ 17 岁的女孩各年龄组平均身高增加了 1cm。

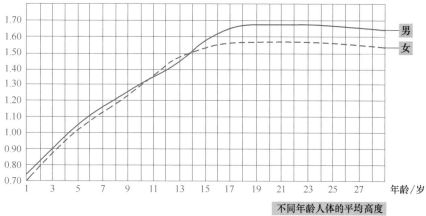

不同年龄人体的平均高度

5.1.2 成年男性的人体尺寸

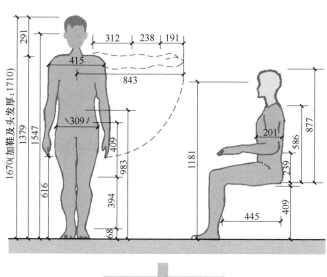

我国成年男子(中等身材)
的人体各部分平均尺寸

成年男性人体尺寸 单位：mm

部位	身高较高地区	身高较矮地区
指尖到地面高度	633	606
大腿长度	415	403
小腿长度	397	391
脚高度	68	67
坐高	893	850
腓骨头的高度	414	402
大腿水平长度	450	443
肘下尺寸	243	220

5.1.3 成年女性的人体尺寸

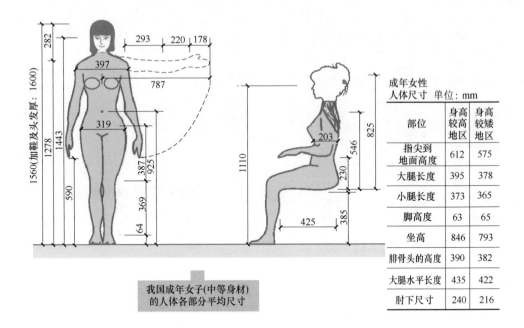

我国成年女子(中等身材)
的人体各部分平均尺寸

成年女性 人体尺寸 单位：mm		
部位	身高 较高 地区	身高 较矮 地区
指尖到 地面高度	612	575
大腿长度	395	378
小腿长度	373	365
脚高度	63	65
坐高	846	793
腓骨头的高度	390	382
大腿水平长度	435	422
肘下尺寸	240	216

5.1.4 老年男性的人体尺寸

单位：mm

	2.5%	50%	97.5%
头高 a	1620	1770	1890
肩高 b	1310	1430	1550
肘高 c	1010	1130	1220
髋关节高 d	670	760	850
眼高 e	1520	1650	1770
臂倾斜能及的最大距离 f	1770	1950	2130
臂垂直能及的最大距离 g	1920	2100	2290
臂向前能及的最大距离 h	460	550	640

5.1.5 老年女性的人体尺寸

单位：mm

	2.5%	50%	97.5%
头高 a	1430	1550	1680
肩高 b	1190	1280	1400
肘高 c	910	1010	1100
髋关节高 d	640	730	820
眼高 e	1310	1430	1550
臂倾斜能及的最大距离 f	1550	1710	1860
臂垂直能及的最大距离 g	1680	1860	2040
臂向前能及的最大距离 h	400	460	520

5.1.6 成年男性坐在轮椅上的人体尺寸

单位：mm

	2.5%	50%	97.5%
臂垂直所及的最大距离 a	1580	1710	1830
头高 b	1220	1340	1460
肩高 c	940	1040	1160
肘高 d	640	700	760
膝关节高 e	370	400	430
脚高 f	90	150	210
椅子的前边缘高 g		490	
膝盖的水平高度 h	550	610	670
眼的水平高度 i	1100	1220	1340
臂向前垂直所及的最大距离 j	1310	1400	1490
臂倾斜垂直所及的最大距离 k	1490	1580	1680
臂向前所及的最大距离 m	460	550	640

5.1.7 成年女性坐在轮椅上的人体尺寸

单位：mm

	2.5%	50%	97.5%
臂垂直所及的最大距离 *a*	1430	1580	1710
头高 *b*	1130	1250	1370
肩高 *c*	880	1010	1090
肘高 *d*	610	700	760
膝关节高 *e*	400	430	460
脚高 *f*	90	150	210
椅子的前边缘高 *g*		490	
膝盖的水平高度 *h*	550	610	670
眼的水平高度 *i*	1040	1160	1280
臂向前垂直所及的最大距离 *j*	1190	1310	1430
臂倾斜垂直所及的最大距离 *k*	1340	1460	1580
臂向前所及的最大距离 *m*	400	490	570

5.1.8 人体各种姿势的高度

单位：mm

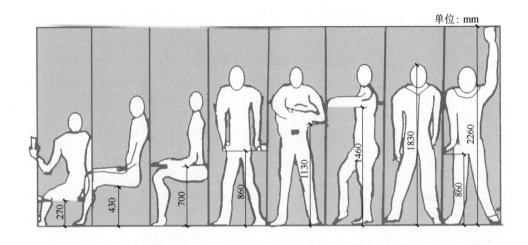

5.1.9 人体基本动作的尺度

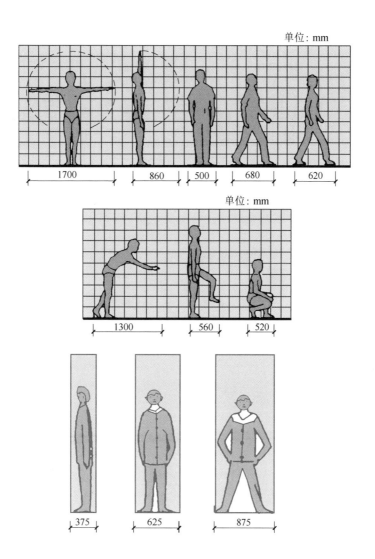

单位：mm

1700　860　500　680　620

单位：mm

1300　560　520

375　625　875

5.1.10 人体存取动作的尺度

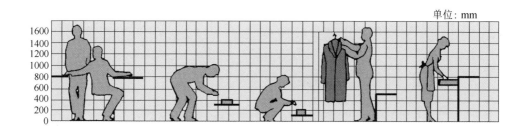

单位：mm

5.1.11　人体在厨房操作的动作尺度

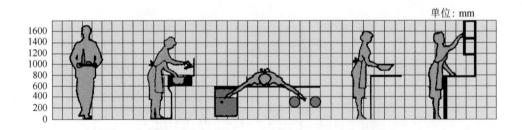

5.1.12　人体在厕浴中的尺度

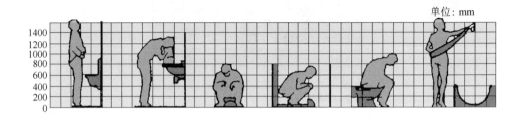

5.1.13　手提行李空间的尺度要求

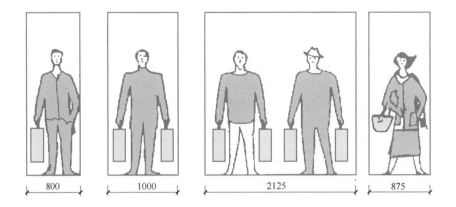

5.1.14 携手杖、打伞空间的尺度要求

5.1.15 人体其他动作的尺度

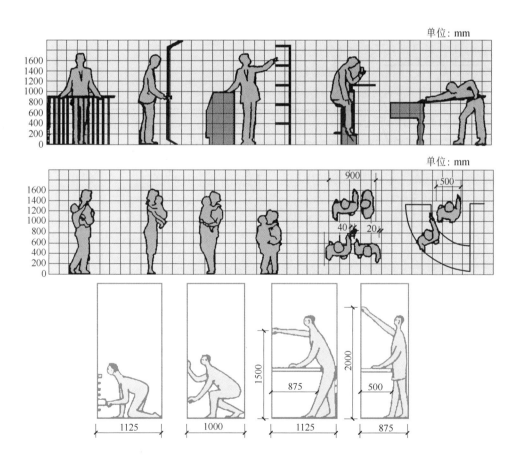

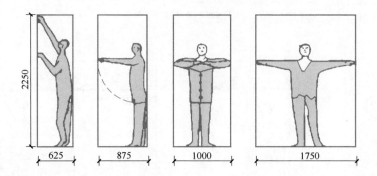

5.1.16 成年男性举手、投足的尺寸

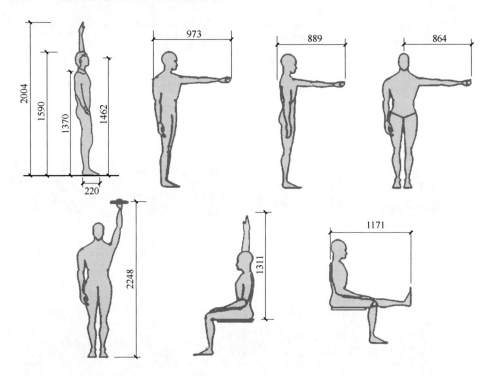

5.1.17 手指一靠长尺寸

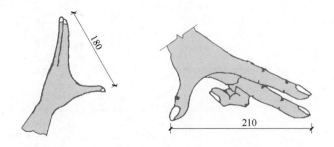

5.1.18　人两伸手尺寸

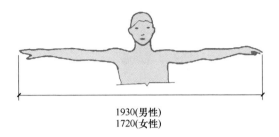

1930(男性)
1720(女性)

5.1.19　肘弯曲度数

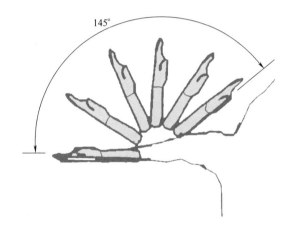

145°

5.1.20　人坐下手前伸尺寸

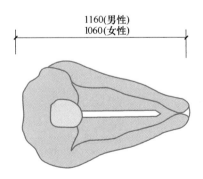

1160(男性)
1060(女性)

5.1.21 成年男性一步长尺寸

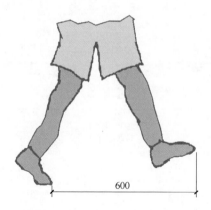

5.1.22 肢体活动角度

　　肢体的活动角度受骨骼、韧带的限制，种族、性别、年龄、生活习惯也对肢体活动角度有影响。

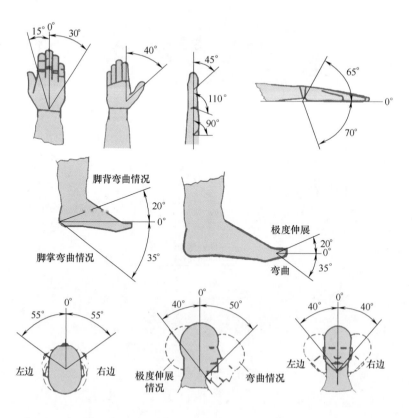

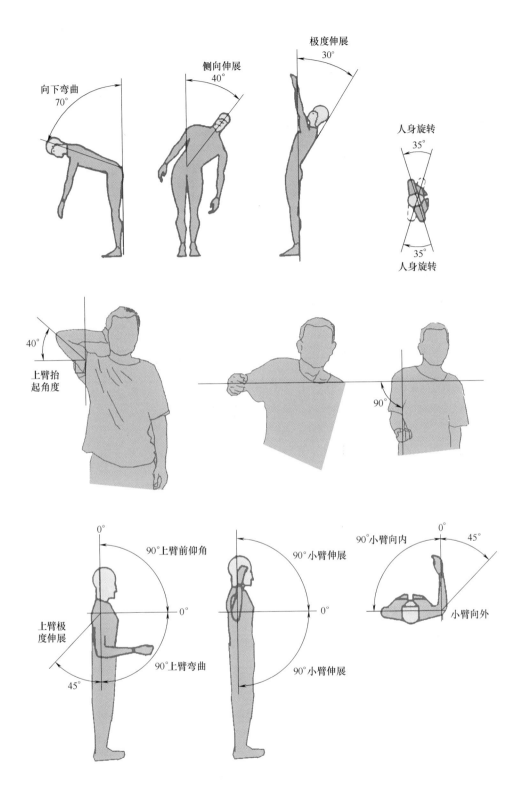

向下弯曲
70°

侧向伸展
40°

极度伸展
30°

人身旋转
35°

35°
人身旋转

40°
上臂抬起角度

90°

0°
90°上臂前仰角

0°

上臂极度伸展

90°上臂弯曲

45°

0°
90°小臂伸展

0°

90°小臂伸展

90°小臂向内

0°
45°

小臂向外

5.1.23　人体各部位比例的关系

性别	眼高	肩高	肘高	腕高	指尖高	胸高	髋	坐高	踝高	脚宽	脚长
男	0.934	0.830	0.632	0.489	0.371	0.725	0.511	0.520	0.043	0.050	0.152
女	0.933	0.825	0.624	0.489	0.370	—	0.505	0.533	0.043	0.057	0.151

注：以身高为基准。

5.1.24　世界各地人体尺寸差异对照

单位：mm

人体尺寸（均值）	德国	法国	英国	美国	瑞士	亚洲
身高	172	170	171	173	169	168
身高（坐姿）	90	88	85	86	—	—
肘高	106	105	107	106	104	104
膝高	55	54	—	55	52	—
肩宽	45	—	46	45	44	44
臀宽	35	35	—	35	34	—

注：数据仅供参考。

5.2
百分位

5.2.1　百分位的特点

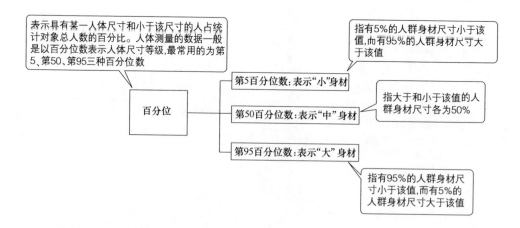

表示具有某一人体尺寸和小于该尺寸的人占统计对象总人数的百分比。人体测量的数据一般是以百分位数表示人体尺寸等级,最常用的为第5、第50、第95三种百分位数

指有5%的人群身材尺寸小于该值,而有95%的人群身材尺寸大于该值

百分位

第5百分位数:表示"小"身材

第50百分位数:表示"中"身材

第95百分位数:表示"大"身材

指大于和小于该值的人群身材尺寸各为50%

指有95%的人群身材尺寸小于该值,而有5%的人群身材尺寸大于该值

5.2.2 常用的百分位与变换系数 K 的关系

百分位数	变换系数 K	百分位数	变换系数 K
0.5	2.572	70	0.524
1.0	2.362	75	0.674
2.5	1.960	80	0.842
5	1.645	85	1.036
10	1.282	90	1.282
15	1.036	95	1.645
20	0.842	97.6	1.960
25	0.674	99.0	2.326
30	0.524	99.5	2.576
50	0.000		

求百分位数的公式：

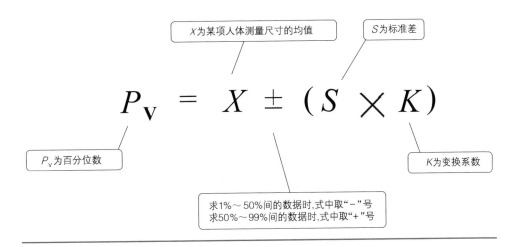

X 为某项人体测量尺寸的均值　　S 为标准差

$$P_V = X \pm (S \times K)$$

P_V 为百分位数

K 为变换系数

求1%～50%间的数据时，式中取"−"号
求50%～99%间的数据时，式中取"+"号

5.2.3 百分位数的选择

尺寸选择百分位数依据	应用
以第 95 百分位数为依据	由人体身高决定的物体，例如通道、床、门、拉架等
以第 5 百分位数为依据	由人体某些部位的尺寸决定的物体，例如取决于腿长的坐平面高度
以可调节到满足第 5 百分位数和第 95 百分位数间的所有人的使用要求	可调尺寸
尺寸界限扩大到第 1 百分位数和第 99 百分位数之间	应用于以第 5 百分位数和第 95 百分位数为界限值的物体，当身体尺寸在界限外的人使用会危害其健康或增加事故危险时的情况
以第 99 百分位数为依据	紧急出口以及到运转着的机器部件的有效半径
以第 1 百分位数为依据	使用者与紧急制动杆的距离
以第 50 百分位数为依据	插座、门铃、电灯开关的安装高度，付账柜台高度等

5.2.4　我国成年男性不同人体身高占总人数的百分比

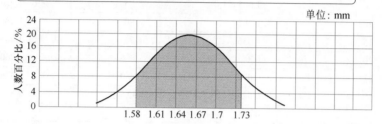

空间布局时可供考虑的身高尺寸幅度

5.2.5　我国成年女性不同人体身高占总人数的百分比

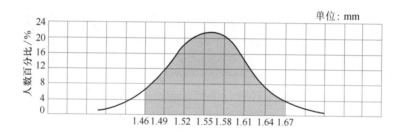

空间布局时可供考虑的身高尺寸幅度

5.3

常用参数

5.3.1　人体身高

　　身高的主要功能是确定、布局净空高度，所以应该选择高百分位数数据。常用的百分比数据为：男，95%百分位数为1775mm，99%百分位数为1814mm；女，95%百分位数为1659mm；99%百分位数为1697mm。

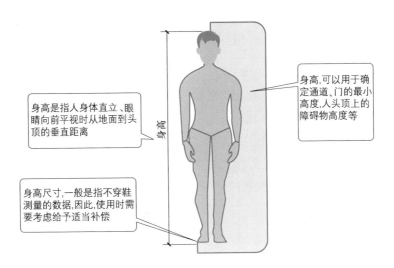

身高是指人身体直立、眼睛向前平视时从地面到头顶的垂直距离

身高,可以用于确定通道、门的最小高度,人头顶上的障碍物高度等

身高尺寸,一般是指不穿鞋测量的数据,因此,使用时需要考虑给予适当补偿

5.3.2　立姿眼睛高度

百分点的选择取决于关键因素的变化。如果要决定隔断或屏风的高度,以保证隔断后面人的私密性要求,则可以取 95% 百分位。男: 95% 百分位数为 1664mm。女: 95% 百分位数为 1541mm。

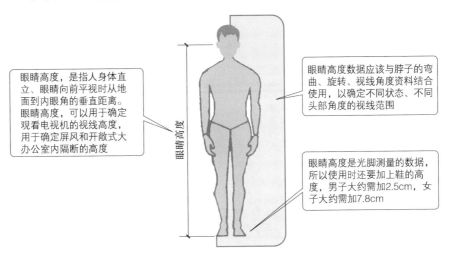

眼睛高度,是指人体身体直立、眼睛向前平视时从地面到内眼角的垂直距离。眼睛高度,可以用于确定观看电视机的视线高度,用于确定屏风和开敞式大办公室内隔断的高度

眼睛高度数据应该与脖子的弯曲、旋转、视线角度资料结合使用,以确定不同状态、不同头部角度的视线范围

眼睛高度是光脚测量的数据,所以使用时还要加上鞋的高度,男子大约需加2.5cm,女子大约需加7.8cm

5.3.3　肘部高度

肘部高度的应用高度必须考虑活动的性质。百分位选择 5% 或 95%。男: 5% 百分位数为 954mm; 95% 百分位数为 1096mm。女: 5% 百分位数为 899mm; 95% 百分位数为 1023mm。

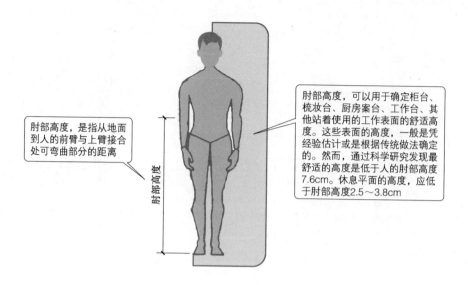

肘部高度，是指从地面到人的前臂与上臂接合处可弯曲部分的距离

肘部高度，可以用于确定柜台、梳妆台、厨房案台、工作台、其他站着使用的工作表面的舒适高度。这些表面的高度，一般是凭经验估计或是根据传统做法确定的。然而，通过科学研究发现最舒适的高度是低于人的肘部高度7.6cm。休息平面的高度，应低于肘部高度2.5～3.8cm

肘部高度

5.3.4 挺直坐高

挺直坐高的百分位一般选择 95%。男性的 95% 百分位数为 958mm，女性的 95% 百分位数为 901mm。

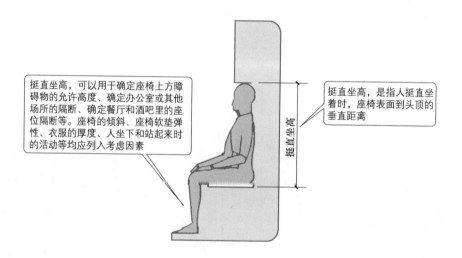

挺直坐高，可以用于确定座椅上方障碍物的允许高度、确定办公室或其他场所的隔断、确定餐厅和酒吧里的座位隔断等。座椅的倾斜、座椅软垫弹性、衣服的厚度、人坐下和站起来时的活动等均应列入考虑因素

挺直坐高，是指人挺直坐着时，座椅表面到头顶的垂直距离

挺直坐高

5.3.5 坐时眼睛高度

百分点的选择：假如有适当的可调节性，就能适应从 5% 百分位到 95% 百分位或更大的范围的人群。男：5% 百分位数为 749mm；95% 百分位数为 847mm。女：5% 百分位数为 695mm；95% 百分位数为 783mm。

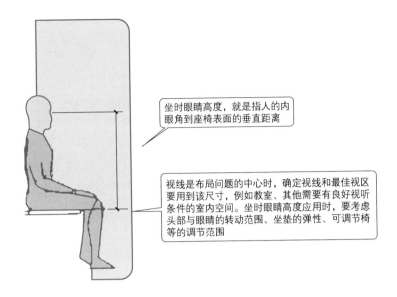

坐时眼睛高度，就是指人的内眼角到座椅表面的垂直距离

视线是布局问题的中心时，确定视线和最佳视区要用到该尺寸，例如教室、其他需要有良好视听条件的室内空间。坐时眼睛高度应用时，要考虑头部与眼睛的转动范围、坐垫的弹性、可调节椅等的调节范围

5.3.6 人体最大宽度

百分位的选择：95%。男：95% 百分位数为 469mm。女：95% 百分位数为 438mm。

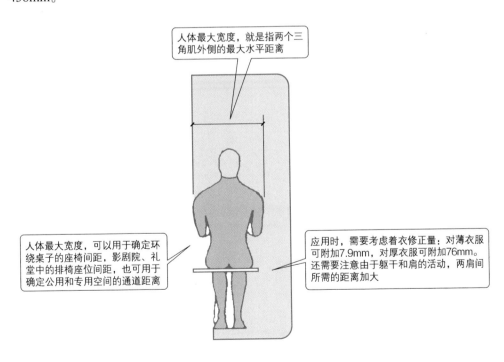

人体最大宽度，就是指两个三角肌外侧的最大水平距离

人体最大宽度，可以用于确定环绕桌子的座椅间距，影剧院、礼堂中的排椅座位间距，也可用于确定公用和专用空间的通道距离

应用时，需要考虑着衣修正量：对薄衣服可附加7.9mm，对厚衣服可附加76mm。还需要注意由于躯干和肩的活动，两肩间所需的距离加大

5.3.7 臀部宽度

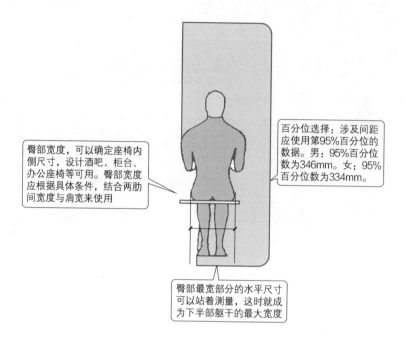

臀部宽度，可以确定座椅内侧尺寸，设计酒吧、柜台、办公座椅等可用。臀部宽度应根据具体条件，结合两肋间宽度与肩宽来使用

百分位选择：涉及间距应使用第95百分位的数据。男：95%百分位数为346mm。女：95%百分位数为334mm。

臀部最宽部分的水平尺寸可以站着测量，这时就成为下半部躯干的最大宽度

5.3.8 肘部平放高度

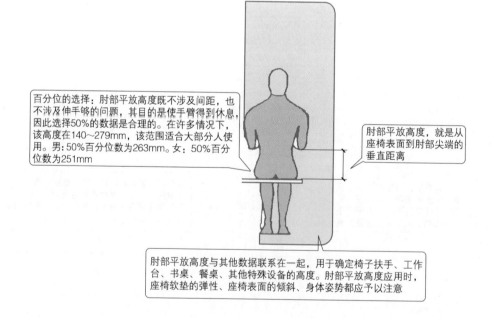

百分位的选择：肘部平放高度既不涉及间距，也不涉及伸手够的问题，其目的是使手臂得到休息，因此选择50%的数据是合理的。在许多情况下，该高度在140～279mm，该范围适合大部分人使用。男：50%百分位数为263mm。女：50%百分位数为251mm

肘部平放高度，就是从座椅表面到肘部尖端的垂直距离

肘部平放高度与其他数据联系在一起，用于确定椅子扶手、工作台、书桌、餐桌、其他特殊设备的高度。肘部平放高度应用时，座椅软垫的弹性、座椅表面的倾斜、身体姿势都应予以注意

5.3.9 大腿厚度

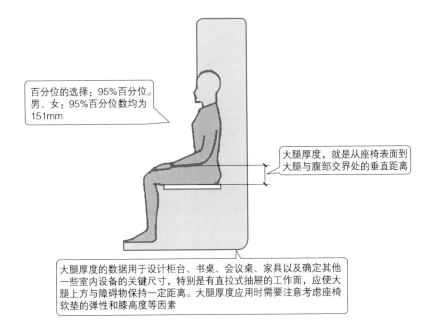

百分位的选择：95%百分位。
男、女：95%百分位数均为
151mm

大腿厚度，就是从座椅表面到
大腿与腹部交界处的垂直距离

大腿厚度的数据用于设计柜台、书桌、会议桌、家具以及确定其他
一些室内设备的关键尺寸，特别是有直拉式抽屉的工作面，应使大
腿上方与障碍物保持一定距离。大腿厚度应用时需要注意考虑座椅
软垫的弹性和膝高度等因素

5.3.10 臀部到膝腿部的长度

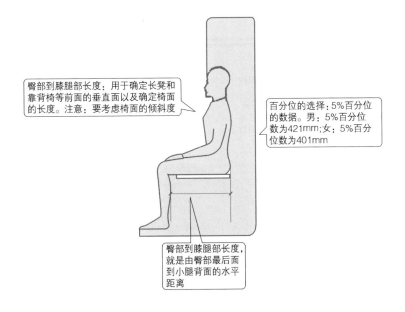

臀部到膝腿部长度：用于确定长凳和
靠背椅等前面的垂直面以及确定椅面
的长度。注意：要考虑椅面的倾斜度

百分位的选择：5%百分位
的数据。男：5%百分位
数为421mm；女：5%百分
位数为401mm

臀部到膝腿部长度，
就是由臀部最后面
到小腿背面的水平
距离

5.3.11　臀部到膝盖的长度

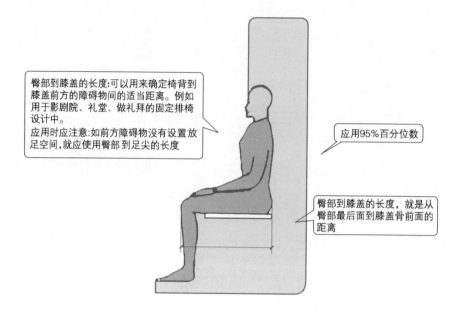

臀部到膝盖的长度:可以用来确定椅背到膝盖前方的障碍物间的适当距离。例如用于影剧院、礼堂、做礼拜的固定排椅设计中。
应用时应注意:如前方障碍物没有设置放足空间,就应使用臀部到足尖的长度

应用95%百分位数

臀部到膝盖的长度,就是从臀部最后面到膝盖骨前面的距离

5.3.12　臀部到足尖的长度

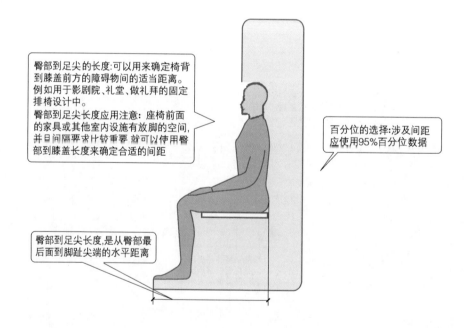

臀部到足尖的长度:可以用来确定椅背到膝盖前方的障碍物间的适当距离。例如用于影剧院、礼堂、做礼拜的固定排椅设计中。
臀部到足尖长度应用注意:座椅前面的家具或其他室内设施有放脚的空间,并且间隔要求比较重要,就可以使用臀部到膝盖长度来确定合适的间距

百分位的选择:涉及间距应使用95%百分位数据

臀部到足尖长度,是从臀部最后面到脚趾尖端的水平距离

5.3.13 膝盖高度

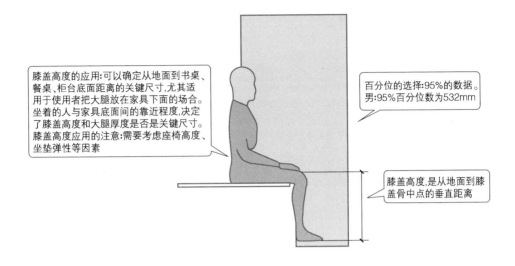

膝盖高度的应用:可以确定从地面到书桌、餐桌、柜台底面距离的关键尺寸,尤其适用于使用者把大腿放在家具下面的场合。坐着的人与家具底面间的靠近程度,决定了膝盖高度和大腿厚度是否是关键尺寸。膝盖高度应用的注意:需要考虑座椅高度、坐垫弹性等因素

百分位的选择:95%的数据。男:95%百分位数为532mm

膝盖高度,是从地面到膝盖骨中点的垂直距离

5.3.14 膝胭高度

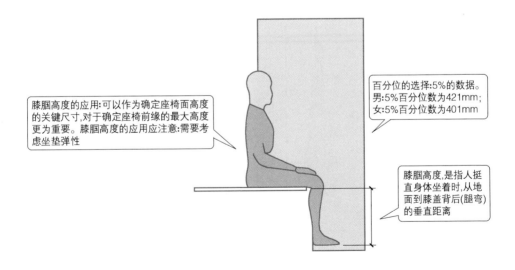

膝胭高度的应用:可以作为确定座椅面高度的关键尺寸,对于确定座椅前缘的最大高度更为重要。膝胭高度的应用应注意:需要考虑坐垫弹性

百分位的选择:5%的数据。男:5%百分位数为421mm;女:5%百分位数为401mm

膝胭高度,是指人挺直身体坐着时,从地面到膝盖背后(腿弯)的垂直距离

5.3.15 垂直手握高度

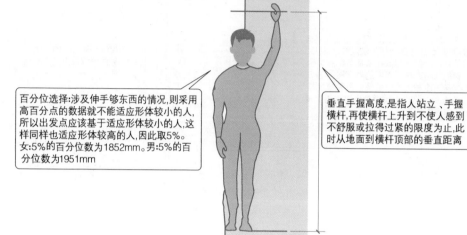

垂直手握高度的应用:可以用于确定开关、控制器、拉杆、把手、书架、衣帽架等的最大高度。垂直手握高度应用时应注意:需要考虑穿鞋修正量

百分位选择:涉及伸手够东西的情况,则采用高百分点的数据就不能适应形体较小的人,所以出发点应该基于适应形体较小的人,这样同样也适应形体较高的人,因此取5%。女:5%的百分位数为1852mm。男:5%的百分位数为1951mm

垂直手握高度,是指人站立、手握横杆,再使横杆上升到不使人感到不舒服或拉得过紧的限度为止,此时从地面到横杆顶部的垂直距离

5.3.16 坐姿时的垂直手握高度

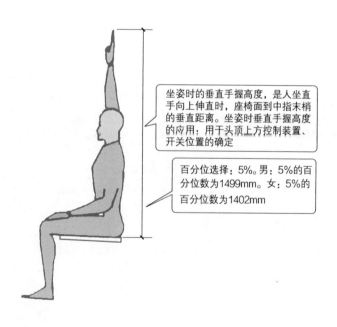

坐姿时的垂直手握高度,是人坐直手向上伸直时,座椅面到中指末梢的垂直距离。坐姿时垂直手握高度的应用:用于头顶上方控制装置、开关位置的确定

百分位选择:5%。男:5%的百分位数为1499mm。女:5%的百分位数为1402mm

5.3.17　侧向手握距离

侧向手握距离，是指人直立，手侧向平伸握住横杆，一直伸展到没有感到不舒服或拉得过紧的位置，这时从人体中线到横杆外侧的水平距离

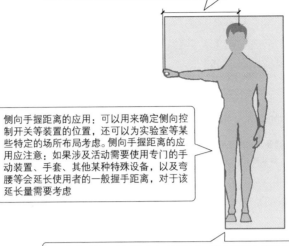

侧向手握距离的应用：可以用来确定侧向控制开关等装置的位置，还可以为实验室等某些特定的场所布局考虑。侧向手握距离的应用应注意：如果涉及活动需要使用专门的手动装置、手套、其他某种特殊设备，以及弯腰等会延长使用者的一般握手距离，对于该延长量需要考虑

百分位的选择：主要是确定手握距离，这个距离应能适应多数人。为此，选用第5百分位的数据比较合理。参考男：5%百分位数为520mm

5.3.18　向前手握距离

向前手握距离，是指人肩膀靠墙直立，手臂向前平伸，食指与拇指间接触，此时从墙壁到拇指梢的水平距离

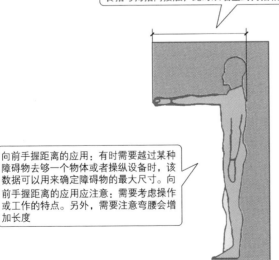

向前手握距离的应用：有时需要越过某种障碍物去够一个物体或者操纵设备时，该数据可以用来确定障碍物的最大尺寸。向前手握距离的应用应注意：需要考虑操作或工作的特点。另外，需要注意弯腰会增加长度

百分位的选择：同侧向手握距离相同，可以选用第5百分位的数据，这样能够适应大多数人。男：5%百分位数为520mm

5.3.19 最大人体厚度

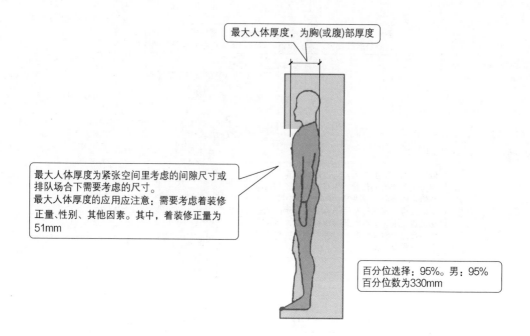

最大人体厚度，为胸(或腹)部厚度

最大人体厚度为紧张空间里考虑的间隙尺寸或排队场合下需要考虑的尺寸。
最大人体厚度的应用应注意：需要考虑着装修正量、性别、其他因素。其中，着装修正量为51mm

百分位选择：95%。男：95%
百分位数为330mm

5.3.20 眼到头顶的高度

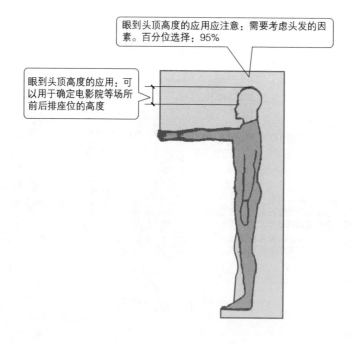

眼到头顶高度的应用应注意：需要考虑头发的因素。百分位选择：95%

眼到头顶高度的应用：可以用于确定电影院等场所前后排座位的高度

5.3.21 手功能高

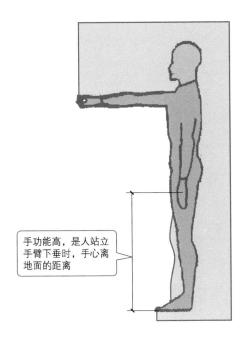

手功能高，是人站立手臂下垂时，手心离地面的距离

手功能高的应用：可以用于楼梯扶手高度的确定。一般楼梯扶手高于手功能高 100mm 以上。百分位选择：50%。男：50%百分位数为741mm；女：50%百分位数为704mm

5.3.22 会阴高

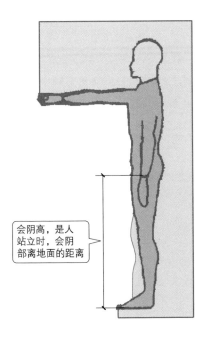

会阴高，是人站立时，会阴部离地面的距离

会阴高的应用：确定栏杆高度，可以防止人们随意进出某一区域，栏杆的高度需要大于该值。百分位选择：95%。男：95%百分位数为856mm;女：95%百分位数为792mm

5.4

与他人相互作用的空间

5.4.1 人际距离

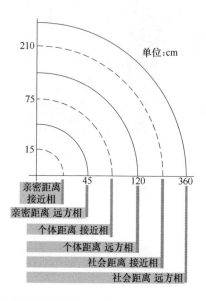

人际距离 /m	人体的感觉尺度
0 ~ 0.45	亲密距离：表达温柔、爱抚、激愤等强烈感情的距离
0.45 ~ 1.2	个体距离：亲近朋友谈话，家庭餐桌距离就属于该种距离
1.2 ~ 2.1	社会距离：邻居、同事间的交谈距离，用于洽谈室、会客室、起居室等
> 3.6	公共距离：单向交流的集会、演讲，严肃的接待室、大型会议室

5.4.2 脸部与间距

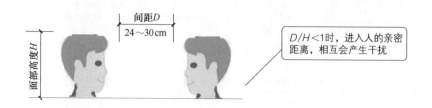

5.4.3 身高与间距

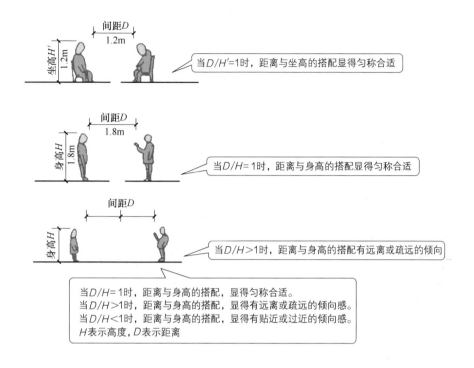

当 $D/H'=1$ 时，距离与坐高的搭配显得匀称合适

当 $D/H=1$ 时，距离与身高的搭配显得匀称合适

当 $D/H>1$ 时，距离与身高的搭配有远离或疏远的倾向

当 $D/H=1$ 时，距离与身高的搭配，显得匀称合适。
当 $D/H>1$ 时，距离与身高的搭配，显得有远离或疏远的倾向感。
当 $D/H<1$ 时，距离与身高的搭配，显得有贴近或过近的倾向感。
H 表示高度，D 表示距离

5.4.4 迎送空间

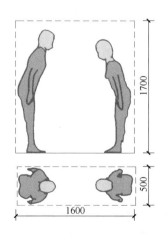

5.4.5 交谈空间

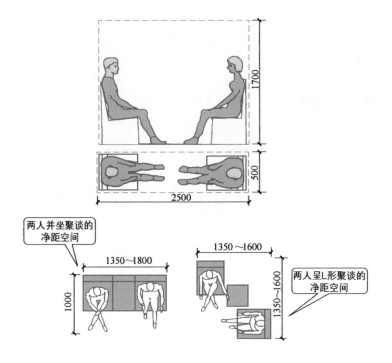

两人并坐聚谈的净距空间

两人呈L形聚谈的净距空间

5.5

人与物的空间

5.5.1 4人圆桌空间

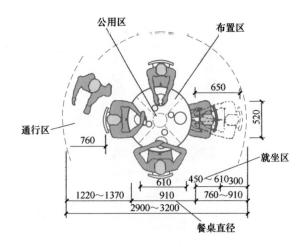

公用区

布置区

通行区

就坐区

餐桌直径

5.5.2 方桌空间

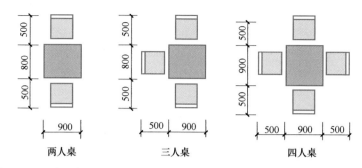

两人桌   三人桌   四人桌

供 3 ～ 4 人进餐的餐厅，其开间的净尺寸不宜小于 2700mm，使用面积不要小于 10m²

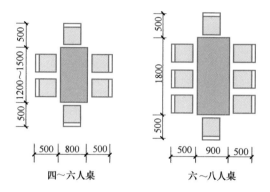

四～六人桌   六～八人桌

供 6 ～ 8 人使用的餐厅，其开间的净尺寸最好不要小于 3000mm，面积取在大约 12m² 较为合适

5.5.3 坐高凳的空间

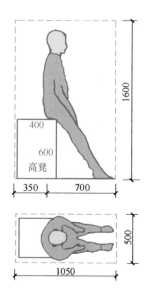

5.5.4　坐矮凳的空间

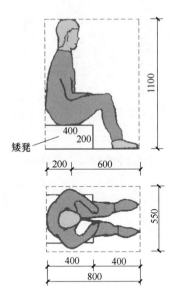

矮凳

400
200
200　600
1100
550
400　400
800

5.5.5　坐作业椅的空间

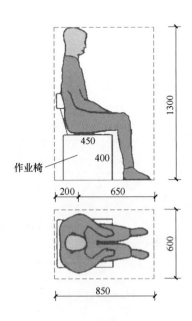

作业椅

450
400
200　650
1300
600
850

5.6

人体移动的空间

5.6.1 步行空间

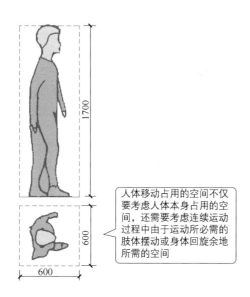

人体移动占用的空间不仅
要考虑人体本身占用的空
间，还需要考虑连续运动
过程中由于运动所必需的
肢体摆动或身体回旋余地
所需的空间

5.6.2 并行空间

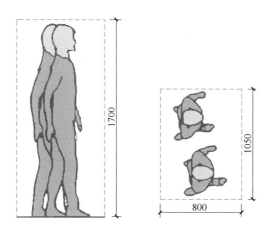

5.6.3　错肩行空间

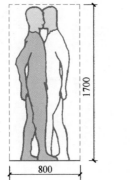

5.6.4　携手行空间

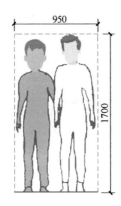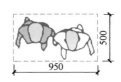

5.6.5　肩承空间

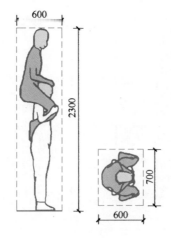

5.6.6　抱持空间

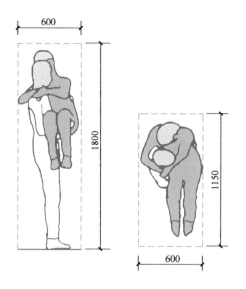

5.6.7　背负空间

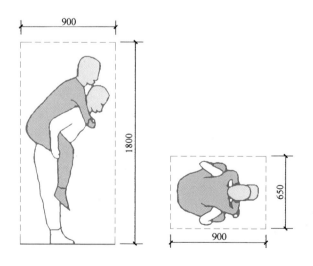

5.7

姿态变换所需的空间

5.7.1 休息椅坐姿变换

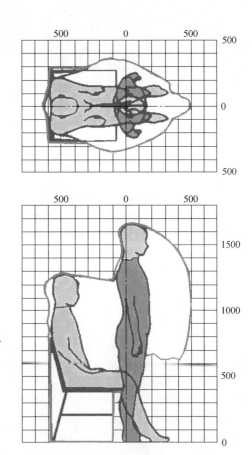

变换姿态时所需空间往往大
于两姿态占用空间之和

5.7.2　低直身坐姿变换

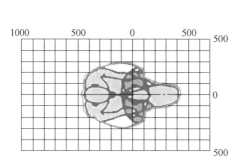

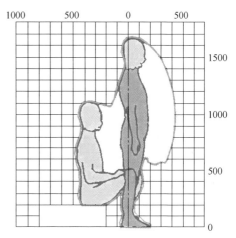

5.7.3　低蹲姿态变换

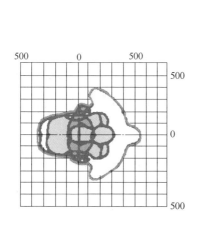

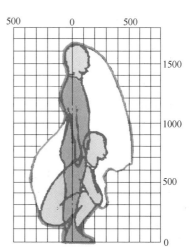

5.7.4 单膝跪姿变换

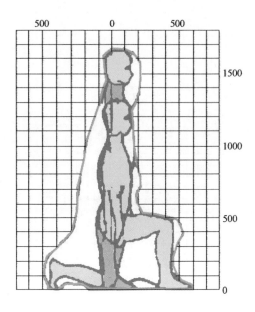

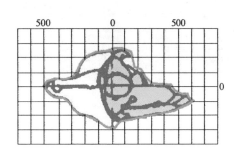

5.7.5 直身跪姿变换

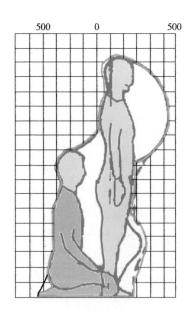

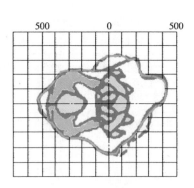

5.7.6 躬腰姿态变换

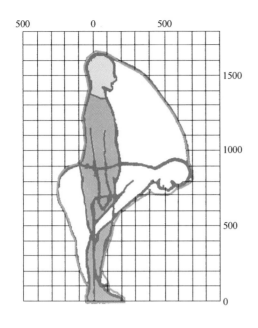

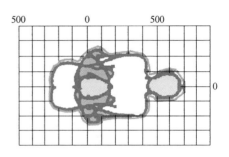

5.7.7 半蹲前俯姿态变换

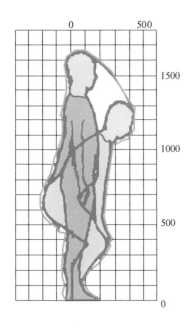

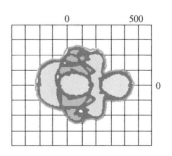

5.7.8　仰卧姿态变换

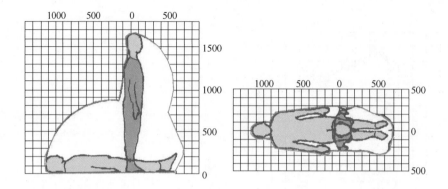

5.7.9　俯卧姿态变换

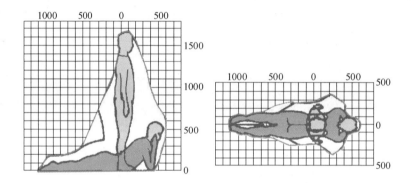

5.7.10　伸腿席坐姿态变换

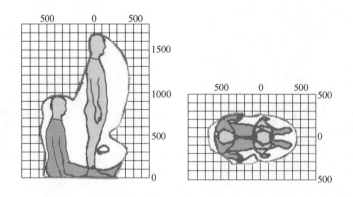

5.7.11 提膝席坐姿态变换

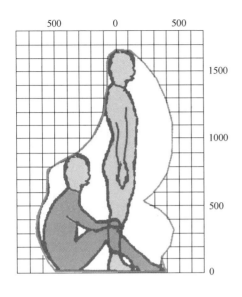

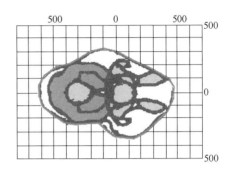

5.7.12 盘腿席坐姿态变换

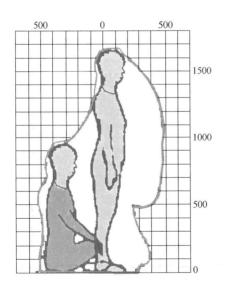

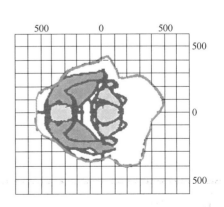

5.7.13　立姿的人体活动空间

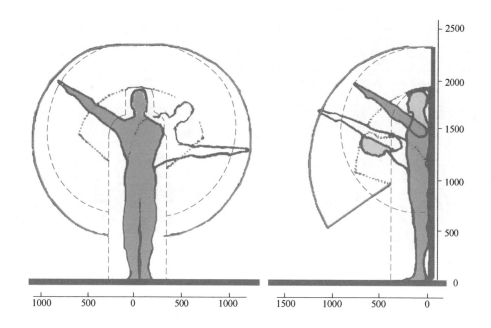

5.7.14　坐姿的人体活动空间

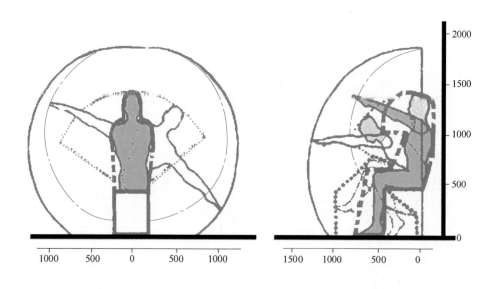

5.7.15 跪姿的人体活动空间

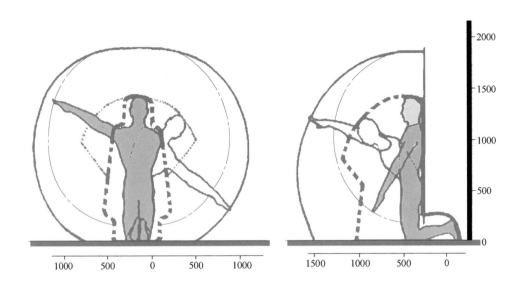

5.7.16 卧姿的人体活动空间

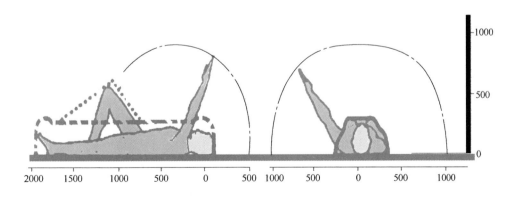

5.7.17 群体活动的空间

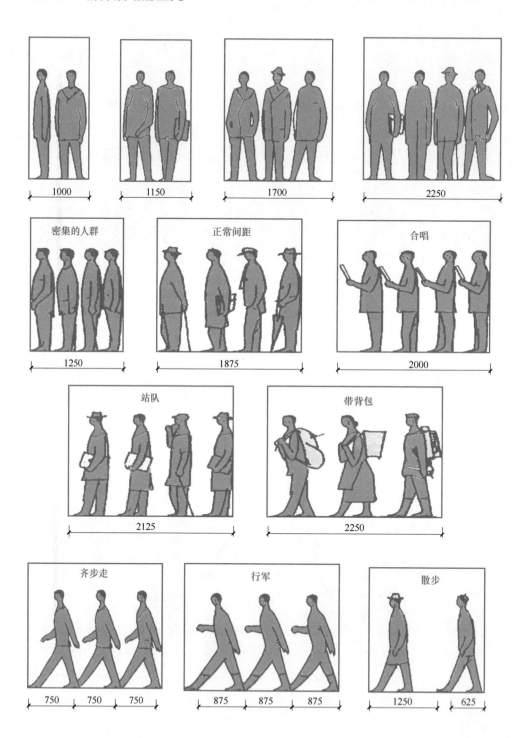

1000

1150

1700

2250

密集的人群

1250

正常间距

1875

合唱

2000

站队

2125

带背包

2250

齐步走

750 750 750

行军

875 875 875

散步

1250 625

5.8

视野与视距

5.8.1 视野与视距的尺度

视野是在人的头部和眼球固定不动的情况下，眼睛观看正前方物体时所能看得见的空间范围。视距是指人在操作系统中正常的观察距离。

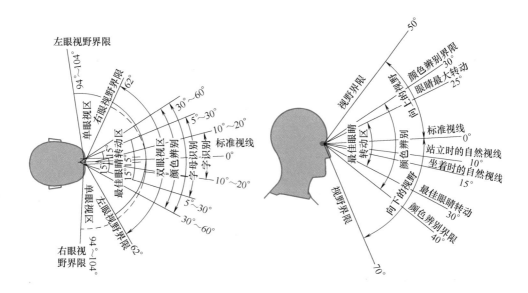

5.8.2 人对不同颜色的视野

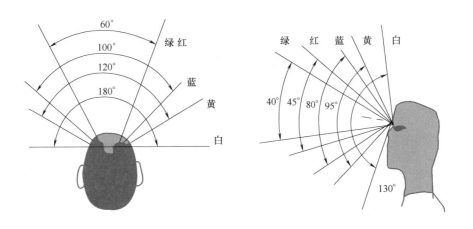

5.8.3 视野的运用

布局的重要性	视野界限
重要的	布局安置在视野 3°内
一般的	布局安置在视野 20°~ 40°范围内
次要的	布局安置在 40°~ 60°范围内
一般不要设置的视野（以免视觉效率低）	一般不在 80°视野外设置

5.8.4 视距的应用

任务	举例	视距离 /cm	固定视野直径 /cm	备注
最精细的工作	安装最小部件（例如表、电子元件）	12 ~ 25	20 ~ 40	完全坐着，部分地依靠视觉辅助手段
精细工作	安装收音机、电视机	25 ~ 35	40 ~ 60	坐着或站着
中等粗活	印刷机、钻井机、机床旁工作	50 以内	80 以内	坐着或站着
粗活	包装、粗磨	50 ~ 150	30 ~ 250	多为站着
远看	黑板、开汽车	150 以外	250 以外	坐着或站着

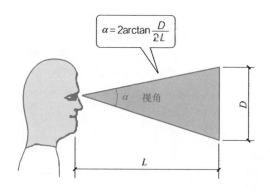

$$\alpha = 2\arctan\frac{D}{2L}$$

5.9

不同姿势、年龄的力量分布

5.9.1 立姿弯臂时的力量分布

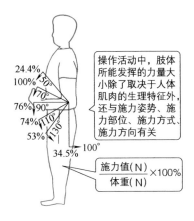

操作活动中，肢体所能发挥的力量大小除了取决于人体肌肉的生理特征外，还与施力姿势、施力部位、施力方式、施力方向有关

$$\frac{施力值(N)}{体重(N)} \times 100\%$$

5.9.2 坐姿操纵力分布

手臂角度 / (°)	拉力 / N		推力 / N	
	左手	右手	左手	右手
	向后	向后	向前	向前
180（向前平伸臂）	230	240	190	230
150	190	250	140	190
120	160	190	120	160
90（垂臂）	150	170	100	160
60	110	120	100	160

手臂角度 / (°)	拉力 / N		推力 / N	
	左手	右手	左手	右手
	向上	向上	向下	向下
180（向前平伸臂）	40	60	60	80
150	70	80	80	90
120	80	110	100	120
90（垂臂）	80	90	100	120
60	70	90	80	90

手臂角度 / (°)	拉力 / N		推力 / N	
	左手	右手	左手	右手
	向内侧	向内侧	向外侧	向外侧
180（向前平伸臂）	60	90	40	60
150	70	90	40	70
120	90	100	50	70
90（垂臂）	70	80	50	70
60	80	90	60	80

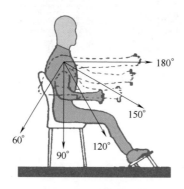

5.9.3　立姿操作时手臂在不同角度上的拉力分布

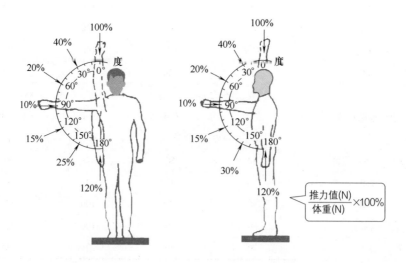

5.9.4 立姿操作时手臂在不同角度上的推力分布

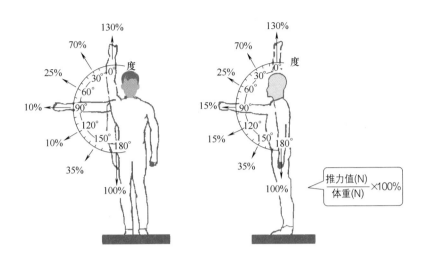

5.9.5 男、女不同年龄段的握力

性别、年龄	最小握力值 /N	最大握力值 /N	标准握力值 /N
男 16	274	480	343 ~ 441
男 18	324	529	392 ~ 460
男 20	344	556	418 ~ 487
男 23	373	579	442 ~ 510
男 25	379	585	448 ~ 516
女 16	202	314	239 ~ 276
女 18	211	332	248 ~ 285
女 20	218	330	256 ~ 293
女 23	226	338	264 ~ 301
女 25	230	343	268 ~ 305

5.10
体积、重心与压力

5.10.1 人体各部分的体积

人体部分	体积 /L
手掌体积	0.00566
前臂体积	0.01702
上臂体积	0.03495
大腿体积	0.0924
小腿体积	0.4083
躯干体积	0.6132

注：人体体积计算：$L=1.015W-4.937$。

式中，L 为人体体积，L；W 为人体体重，kg。

5.10.2 人的重心

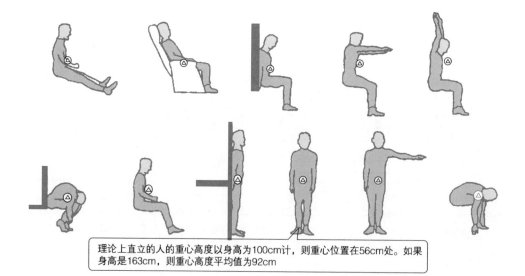

理论上直立的人的重心高度以身高为100cm计，则重心位置在56cm处。如果身高是163cm，则重心高度平均值为92cm

5.10.3 人腰椎间盘的相对内压力

座椅设计要保证椎间盘所受压力最小。

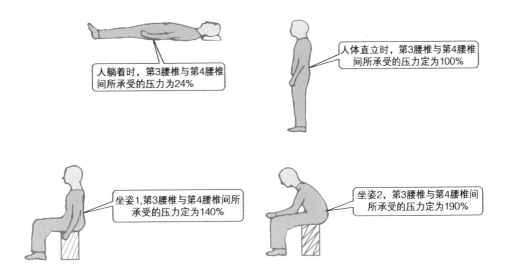

5.10.4 座椅构造与人腰椎间盘内压的关系

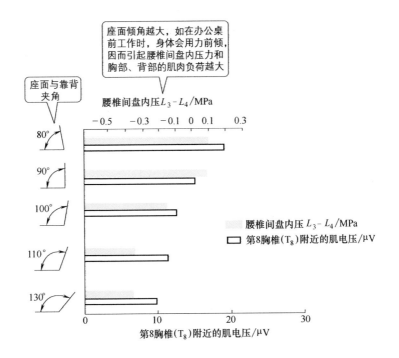

5.10.5　座椅靠背与人腰椎间盘内压的关系

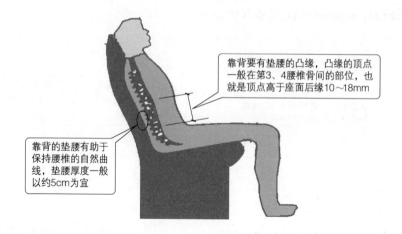

靠背要有垫腰的凸缘，凸缘的顶点一般在第3、4腰椎骨间的部位，也就是顶点高于座面后缘10～18mm

靠背的垫腰有助于保持腰椎的自然曲线，垫腰厚度一般以约5cm为宜

5.11
感觉与反应

5.11.1　人体主要感觉的阈值

人体主要感觉	感觉阈值	
	下限	上限
触觉	$2.6×10^{-9}$ J	—
温度觉	$6.28×10^{-9}$ kg · J/（m² · s）	$9.13×10^{-6}$ kg · J/（m² · s）
振动觉	振幅 $2.5×10^{-4}$ mm	—
视觉	（2.2～5.7）$×10^{-17}$ J	（2.2～5.7）$×10^{-8}$ J
听觉	$1×10^{-17}$ J/m³	$1×10^{9}$ J/m³
嗅觉	$2×10^{-7}$ kg/m³	—
味觉	$4×10^{-7}$ mol/L（硫酸试剂摩尔浓度）	—

5.11.2　人眼对光波的刺激反应

光波波长 /nm	刺激反应情况
380～780	人眼只对波长 380～780nm 的光波刺激产生反应
< 380	波长 380nm 为视觉的下阈限，该部分光波不能引起视觉反应
> 780	波长 780nm 为视觉的上阈限，该部分光波不能引起视觉反应

5.11.3 感觉的适应

感觉的适应,就是人体在同一刺激物的持续作用下,感受性发生变化的过程。小于 3g 的物体不能引起人的"有重量"的感觉。

感觉的适应	适应需要的时间
视觉适应中的暗适	需 45min 以上
视觉适应中的明适	需 1 ~ 2min
听觉适应	约需 15min
味觉适应	约需 30s
嗅觉适应	约需 2s

5.11.4 差别阈与标准刺激成正比(韦伯定理)

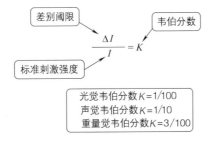

5.11.5 刺激强度与感觉强度的关系(韦伯 - 费希纳定律)

5.11.6 反应时间随感觉通道的变化

感觉	听觉	触觉	视觉	嗅觉
反应时间 T/s	0.115 ~ 0.182	0.117 ~ 0.201	0.188 ~ 0.206	0.2 ~ 0.37
感觉	咸味味觉	甜味味觉	酸味味觉	苦味味觉
反应时间 T/s	0.308	0.446	0.523	1.082

5.11.7 反应时间与运动器官的关系

动作部位	动作特点	最少平均时间 /ms
脚	直线的	360
	克服阻力的	720
躯干	弯曲	720 ～ 1620
	倾斜	1260
手	握取（直线）	70
	握取（曲线）	220
	旋转（克服阻力）	720
	旋转（不克服阻力）	220
腿	直线的	360
	脚向侧面	720 ～ 1460

5.11.8 人体执行器官的反应时间

执行器官	反应时间 /ms
右脚	174
右手	147
左脚	179
左手	144

5.11.9 嗅觉距离

室内装修中布局交往空间时，家具布置要适当留有距离，以避免尴尬。

人体的感觉尺度	项目
1m 以内	衣服、头发散发的较弱的气味
2 ～ 3m	香水或别的较浓的气味
3m 以外	很浓烈的气味

5.11.10 反应时间与颜色的关系

颜色对比	红与黄	红与橙	白与黑	红与绿
平均反应时间 /ms	217	246	197	208

5.11.11　年龄与反应时间的关系

年龄	20	30	40	50	60
反应时间相对值	100	104	112	116	161

5.11.12　不同环境的声压级

环境	声压级 /dB	环境	声压级 /dB	环境	声压级 /dB
刚刚听到的声音	0	农村静夜	10	树叶落下的沙沙声	20
轻声耳语	30	安静房间	40	微电机附近	50
普通说话	60	繁华街道	70	公共汽车上	80
72 型风机附近	90	纺织车间	100	8-18 型风机附近	110

5.11.13　环境噪声

结构传播室内噪声排放限值（等效声级）

单位：dB（A）

功能区类别	A 类房间		B 类房间	
	昼间	夜间	昼间	夜间
0	40	30	40	30
1	40	30	45	35
2、3、4	45	35	50	40

注：1. 0 类声环境功能区：指康复疗养区等特别需要安静的区域。1 类声环境功能区：指以居民住宅、医疗卫生、文化教育、科研设计、行政办公为主要功能，需要保持安静的区域。2 类声环境功能区：指以商业金融、集市贸易为主要功能，或者居住、商业、工业混杂，需要维护住宅安静的区域。3 类声环境功能区：指以工业生产、仓储物流为主要功能，需要防止工业噪声对周围环境产生严重影响的区域。4 类声环境功能区：指交通干线两侧一定距离之内，需要防止交通噪声对周围环境产生严重影响的区域。

2. A 类房间：指以睡眠为主要目的，需要保证夜间安静的房间，包括住宅卧室、医院病房、宾馆客房等。B 类房间：指主要在昼间使用，需要保证思考与精神集中、正常讲话不被干扰的房间，包括学校教室、会议室、办公室、住宅中卧室以外的其他房间等。

5.11.14　听觉距离

室内装修布局接待空间时，超过 30m，一般要使用扬声器。

尺度 /m	人体感觉
< 7	可以进行一般交谈
< 30	能够听清楚讲演
> 35	能够听见叫喊，但是很难听清楚语言

5.12

人体尺度的应用

5.12.1 满足度、舒适度与安全的尺度

满足度是空间布局尺寸所适合的使用人群占总适用人群的百分比。满足度可以理解为"够得着的距离、容得下的空间"。

舒适度是在达到满足度的标准之上的舒适性的程度。

安全度则考虑人身安全与使用前、使用中、使用后的安全等要求。

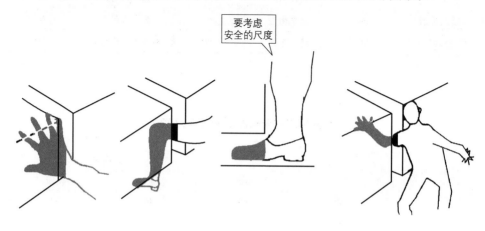

要考虑
安全的尺度

5.12.2 以身高为基础的各种设计尺寸比例

项目	以身高为基础所使用的设计、布局尺寸比例
办公椅的高度	0.23
办公桌的高度（不着鞋）	0.41
差尺（桌高 − 椅高）	0.18
陡急阶梯天花板高（最小值、倾斜 50°左右）	0.75
方便使用的格架高度（上限）	0.85
扶手高（扶手到座面）	0.155
工作用椅的座面与靠背支持点的距离	0.145
料理台高度	0.53
爬梯的空间大小（前后）（最小值、倾斜 80°～90°）（方便使用的棚架高度、下限）	0.40

项目	以身高为基础所使用的设计、布局尺寸比例
轻工作用椅的高度	0.21
轻休息用椅的高度	0.19
取放物品棚架的最大高度（上限）	1.17
取物高度（上限、用眼）	0.91
人体重心高	0.55
容易拉动的高度（出力最大）	0.60
手提箱件的长度（最大值）	0.37
洗脸台的高度	0.45
向上伸手而达到的高度 (近似值)	1.33
斜坡与天花板的距离（最小值、地面倾斜 5°～ 15°）	1.15
休息用椅高度	0.165
眼高（头顶高 −12cm）	0.935
倚靠的高度	0.50
桌下空间（高度的最小值）	0.39

5.12.3　着衣的人体尺寸增大的调整值（建议值）

尺寸功能修正量，包括穿着修正量、操作修正量（活动余量）。穿着修正量包括穿鞋、衣物等。操作修正量是实现产品功能所需的修正量。

单位：mm

人体尺寸项目	轻薄的夏装	冬季外套	轻薄的工作服、鞋和头盔
大腿与台面下距离	13	25	13
身高	25 ～ 40	25 ～ 40	70
头最大长	—	—	100
头最大宽	—	—	105
臀宽	13	50 ～ 75	13
足长	13 ～ 24	40	40
足跟高	25 ～ 40	25 ～ 40	35
足宽	13 ～ 20	13 ～ 25	25

人体尺寸项目	轻薄的夏装	冬季外套	轻薄的工作服、鞋和头盔
最大肩宽	13	50 ～ 75	13
坐姿眼高	3	10	3

注：尺寸的确定：
最小尺寸 = 人体尺寸百分位数 + 功能修正量。
最佳尺寸 = 人体尺寸百分位数 + 功能修正量 + 心理修正量。
尺寸修正量 = 功能修正量 + 心理修正量 = (穿着修正量 + 姿势修正量 + 操作修正量) + 心理修正量
其中，心理修正量是为了消除空间压抑感、恐惧感或为了美观等心理因素而加的尺寸修正量。
栏杆的设计需要注意到重心问题。
大面积的房屋增加层高可以减轻压抑感。
不同人的心理修正量需求不同。
不同环境的修正量需求也不同。

5.12.4 穿衣服后男性人体各部分增加的尺寸

单位：mm

身体部位	轻装夏装	冬装外套	轻便劳动服、靴子和头盔
头长	—	—	100
头宽	—	—	105
肩宽	13	50 ～ 75	8
臀宽	13	50 ～ 75	8
身高	25 ～ 40	25 ～ 40	70
坐眼高	3	10	3
大腿厚	13	25	8
脚长	30 ～ 40	40	40
脚宽	13 ～ 20	13 ～ 25	25
后跟高	25 ～ 40	25 ～ 40	35

5.12.5 操作修正量（上肢前展操作）

操作修正量是实现产品功能所需的修正量。

单位：mm

操作项目	上肢前展操作（前展长）的修正量
按按钮	-12
操作扳钮开关	-25
取卡片	-20

5.12.6　水平作业域

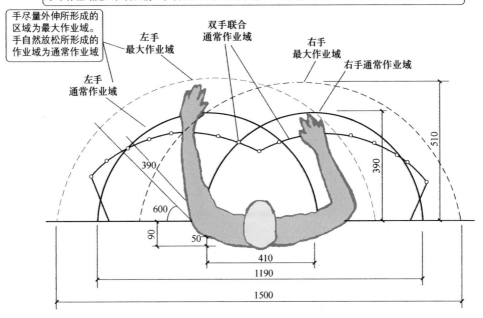

水平作业域是人在台面前、在台面上左右运动手臂而形成的轨迹范围。水平作业域通常为400mm

手尽量外伸所形成的区域为最大作业域。手自然放松所形成的作业域为通常作业域

左手最大作业域
双手联合通常作业域
右手最大作业域
右手通常作业域
左手通常作业域

390　390
600
510
90
50
410
1190
1500

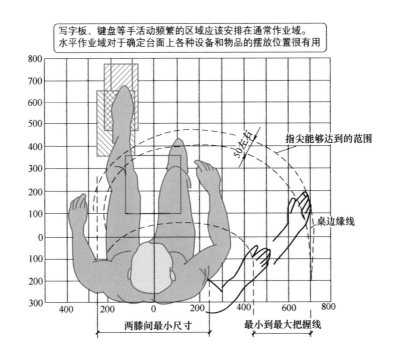

写字板、键盘等手活动频繁的区域应该安排在通常作业域。
水平作业域对于确定台面上各种设备和物品的摆放位置很有用

指尖能够达到的范围
50左右
桌边缘线

两膝间最小尺寸
最小到最大把握线

5.12.7 垂直作业域

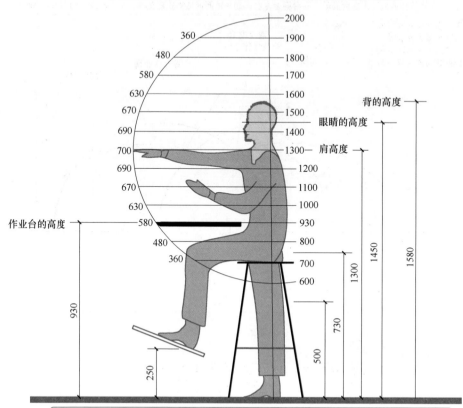

垂直作业域是指手臂伸直,以肩关节为轴做上下运动所形成的范围

垂直作业域,对于决定人在某一姿态时手臂触及的垂直范围是有用的数据。搁板、挂件、门拉手等应用需要参考垂直作业域

5.12.8 摸高

摸高,就是指手举起来时达到的高度,垂直作业域、摸高是布局各种框架、扶手的依据。用手拿东西、操作时,需要考虑眼睛的引导。

架子的高度一般不得超过:男子 1500 ~ 1600mm;女子 1400 ~ 1500mm。

最大摸高	百分位 /%	指尖高 /mm	直臂抓握 /mm
男性(高大身材)	95	2280	2160
男性(平均身材)	50	2130	2010
男性(矮小身材)	5	1980	1860
女性(高大身材)	95	2130	2010
女性(平均身材)	50	2000	1880
女性(矮小身材)	5	1800	1740

5.12.9 拉手的高度要求

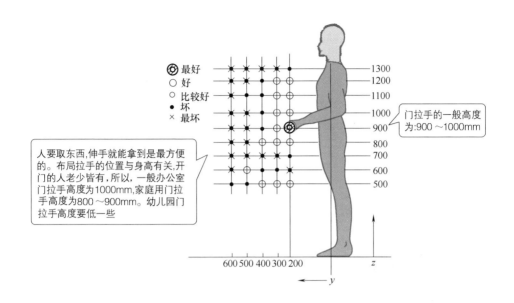

○◎ 最好
○ 好
○ 比较好
● 坏
× 最坏

人要取东西,伸手就能拿到是最方便的。布局拉手的位置与身高有关,开门的人老少皆有,所以,一般办公室门拉手高度为1000mm,家庭用门拉手高度为800～900mm。幼儿园门拉手高度要低一些

门拉手的一般高度为:900～1000mm

5.12.10 人体坐姿的抓握空间

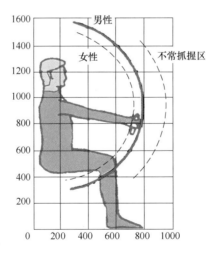

5.12.11 坐姿、站姿时的作业面高度

单位：mm

类型	坐姿（因椅高而变化）		站姿	
	男	女	男	女
精密作业（如钟表装配）	950～1050	890～950	980～1080	930～1030
轻型装配或写字	740～780	700～750	880～930	830～880
重荷作业	690～720	660～700	730～880	680～830

5.12.12 根据较高人体高度考虑的空间尺度

一般可以采用的男性人体身高幅度的上限为1.73m,再另加鞋厚20mm,以此为依据考虑空间布局情况 → 栏杆高度、楼梯顶高、阁楼高度、淋浴喷头高度、地下室净高、门洞的高度、床的长度等

5.12.13 根据较低人体高度考虑的空间尺度

一般可以采用的女性人体的平均高度为1.56m,再另加鞋厚20mm,以此为依据考虑空间布局情况 → 厨房吊柜高度、楼梯的踏步高度、操作台的高度、搁板高度、盥洗台高度、挂衣钩高度、其他空间置物的高度等

5.12.14 生活用具设施高度与身高的关系

项目	设备或用具高与身高之比
举手达到的高度（立姿）	4/3
遮挡住立姿视线的搁板高度（下限值）	33/44
可随意取放东西的搁板高度（上限值，立姿）	7/6
倾斜地面的顶棚高度（最小值，地面倾斜度为 5°～15°）	8/7

5.13

家具、设备的尺寸和要求

5.13.1 床面软硬度

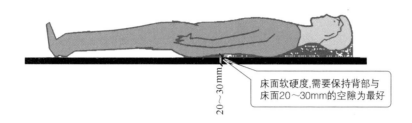

20~30mm

床面软硬度,需要保持背部与
床面20~30mm的空隙为最好

5.13.2 枕头高度

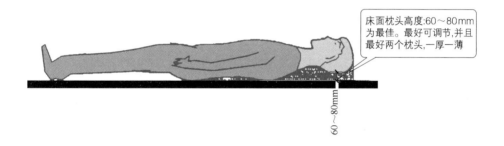

床面枕头高度:60~80mm
为最佳。最好可调节,并且
最好两个枕头,一厚一薄

60~80mm

5.13.3 椅子的座倾角、背倾角与靠背支撑点

餐椅应选择座面背斜角为0°的

工作椅应选择座面背斜角为0°~5°的
休息用椅应选择座面背斜角为5°~23°的
躺椅应选择座面背斜角≥24°的

轻度休息姿势

工作姿势

休息姿势

类别	座倾角	背倾角	必要支撑点
带枕躺椅	15°～25°	115°～123°	肩靠加颈靠
工作用椅	0°～5°	100°	腰靠
轻工作用椅	5°	105°	肩靠
小憩用椅	5°～10°	110°	肩靠
休息用椅	10°～15°	110°～115°	肩靠

5.13.4 椅子适宜的座高

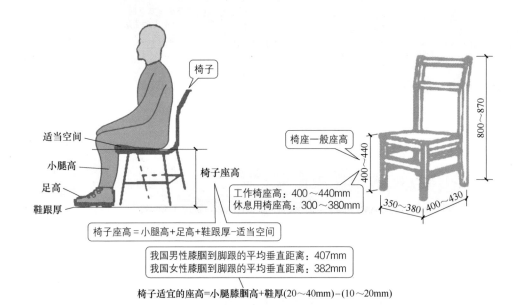

椅子座高＝小腿高＋足高＋鞋跟厚－适当空间

工作椅座高：400～440mm
休息用椅座高：300～380mm

我国男性膝腘到脚跟的平均垂直距离：407mm
我国女性膝腘到脚跟的平均垂直距离：382mm

椅子适宜的座高＝小腿膝腘高＋鞋厚(20～40mm)－(10～20mm)

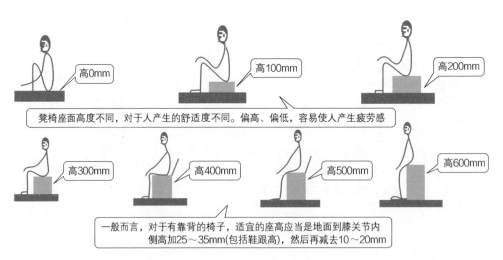

凳椅座面高度不同，对于人产生的舒适度不同。偏高、偏低，容易使人产生疲劳感

一般而言，对于有靠背的椅子，适宜的座高应当是地面到膝关节内侧高加25～35mm(包括鞋跟高)，然后再减去10～20mm

5.13.5　椅子座深的选择

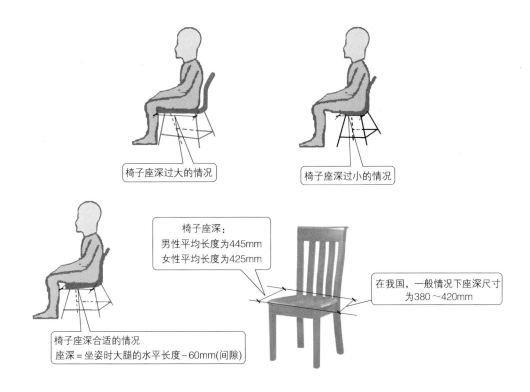

椅子座深过大的情况

椅子座深过小的情况

椅子座深：
男性平均长度为445mm
女性平均长度为425mm

在我国，一般情况下座深尺寸
为380～420mm

椅子座深合适的情况
座深＝坐姿时大腿的水平长度－60mm(间隙)

5.13.6　椅子座深有关数据

单位: mm

项目	尺寸
软体沙发座深	460 ～ 530
我国男性坐姿大腿水平长度（需要考量的相关人体数据）	445
我国女性坐姿大腿水平长度（需要考量的相关人体数据）	425
一般椅子座深	380 ～ 420
间隙[①]	60

　① 座深常应小于坐姿时大腿的水平长度，使座面前沿到小腿有 60mm 的间隙，以保证小腿活动自由。

5.13.7 椅子座宽的选择

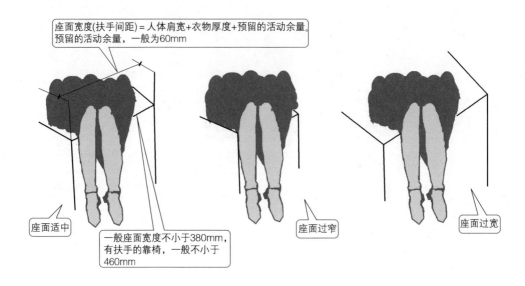

座面宽度(扶手间距) = 人体肩宽 + 衣物厚度 + 预留的活动余量。
预留的活动余量，一般为60mm

座面适中

一般座面宽度不小于380mm，
有扶手的靠椅，一般不小于
460mm

座面过窄

座面过宽

5.13.8 椅子座宽有关数据

单位：mm

项目	数据尺寸
单人沙发座宽	450 ～ 480
全包沙发座宽	500 ～ 600
我国男性人体肩宽（需要考量的相关人体数据）	415
我国男性人体臀宽（需要考量的相关人体数据）	309
我国女性人体肩宽（需要考量的相关人体数据）	397
我国女性人体臀宽（需要考量的相关人体数据）	329
一般椅子座宽	≥ 380
一般有扶手椅子坐宽	≥ 460
扶手内宽①	人体肩宽尺寸 + 余量

① 有扶手的椅子以扶手内宽来作为座宽的尺寸，一般根据人体肩宽尺寸加适当余量。

5.13.9 椅子靠背高度有关数据

单位：mm

一般大致高度	数据尺寸
靠背高度一般上沿不宜高于肩胛骨	约 460
休息性强的躺椅，靠背倾角大，靠背高超出肩高，则颈部需有支撑	不小于 660
专供操作的工作椅，靠背要低些	185 ～ 250

5.13.10 椅子扶手有关数据

项目	数据尺寸
扶手内宽（要稍大于肩宽，一般宽度）	460mm
扶手上表面到座面的一般垂直距离	200 ～ 250mm
扶手一般倾斜度	±（10°～ 20°）
扶手在水平方向大约偏角（一般与座面的形状吻合）	±10°
软椅扶手垂直距离(需减去坐时的座面下沉量)	200 ～ 250mm
沙发等休闲用椅扶手内宽	520 ～ 560

5.13.11 餐椅有关数据

项目	数据尺寸
从座椅前端到桌面的垂直高度	最好为 230 ～ 305mm
腰部支撑的中心比区域长	230mm
腰部支撑的中心高于座面的距离	240mm
腰部支撑的中心最小宽度	330mm
椅面进深	不应超过 405mm
腰部支撑与椅面间角度（椅面应保持水平）	保持 90°～ 95°
椅子宽度	不应超过 405mm
椅子前缘距地面高度	420mm
椅子前缘距桌面距离	290mm
椅子使用坐垫	19mm 厚的柔软制成

5.13.12　办公椅的座面宽度要求

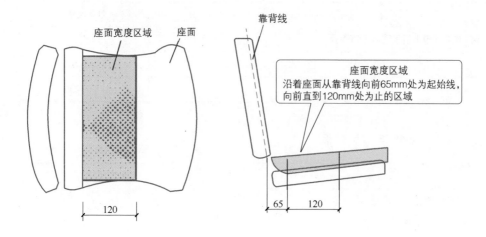

座面宽度区域　　座面

靠背线

座面宽度区域
沿着座面从靠背线向前65mm处为起始线，
向前直到120mm处为止的区域

120

65　120

5.13.13　办公椅座高要求

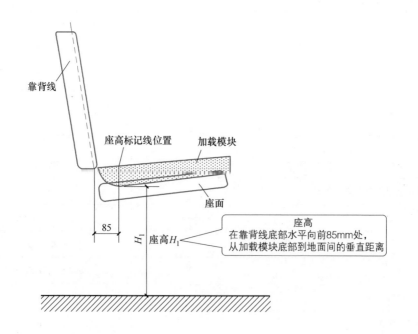

靠背线

座高标记线位置　　加载模块

座面

85

H_1　座高 H_1

座高
在靠背线底部水平向前85mm处，
从加载模块底部到地面间的垂直距离

5.13.14 办公椅腰部支撑要求

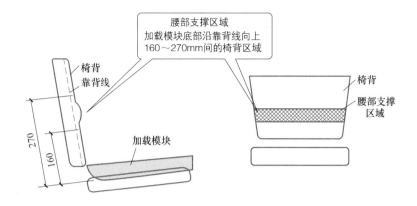

5.13.15 办公椅扶手间内宽要求

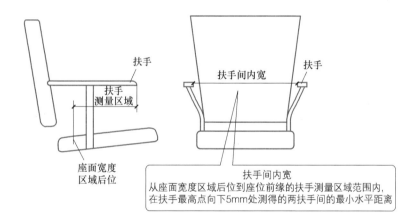

5.13.16 办公椅扶手高度要求

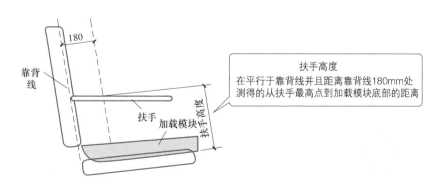

5.13.17　办公椅有关数据

项目	数据尺寸
不适合有靠背的部位（这个空间留给臀部）	椅面以上76mm内
扶手间距	483mm
扶手宽	51～89mm
弧形椅背垫弧度半径	1000mm为宜
弧形椅背垫制成的柔软材料的厚度	25～51mm
靠背的水平调节角度	0°～15°
椅背高（可以支撑头部）	915mm
椅背高（能支撑肩膀）	635mm
椅垫柔软材料的厚度	51mm
椅子的宽度	406～560mm
椅子的前缘可以调节的距离	125mm
支撑中心高于椅面	178～292mm
座面从前到后的尺寸	406mm
座面的水平调节角度	0°～15°
座面前缘和靠背下缘的圆边的半径	12.7mm

5.13.18　沙发椅的弹性数据

单位：mm

部位	座面（小沙发）	座面（大沙发）	靠背（上部）	靠背（托腰）
压缩量	70	80～120	30～45	<35

5.13.19　沙发座高有关数据

单位：mm

项目	数据尺寸
软硬度适中的坐垫，一般下沉量	50～60
沙发的一般座高	420～430
沙发座高一般范围	420～500

5.13.20　沙发座深有关数据

单位：mm

项目	数据尺寸
普通沙发一般座深	510～520
沙发一般座深范围	500～560
使用腰枕辅助支撑人体的沙发座深	580～650

5.13.21 沙发座宽有关数据

单位：mm

项目	数据尺寸
三位沙发的座宽	1350 ～ 1650
双位沙发宽度	950 ～ 1150
一般单位沙发的座宽	510 ～ 650

5.13.22 沙发靠背高度有关数据

单位：mm

项目	数据尺寸
低靠背高	310 ～ 350
中靠背高	400 ～ 450
高靠背高	490 ～ 550
靠背上腰部支撑区域中心点的高度	50 ～ 180
靠背背部支撑区域中心点的高度	380 ～ 420
靠背颈和头部区域中心点的高度	450 ～ 480

靠背高计算公式：

低靠高 = 坐姿肩胛骨下角高 － 座垫下沉量 － 适当余量
中靠高 = 坐姿颈椎点高 － 座垫下沉量 － 适当余量
高靠高 = 人体坐高 － 座垫下沉量 － 适当余量

5.13.23 沙发座面和靠背倾斜角有关数据

项目	数据尺寸
高度休闲沙发的靠背倾斜角	125°～ 135°
高度休闲沙发的座面倾斜角	10°～ 15°
一般沙发的靠背倾斜角	105°～ 110°
一般沙发的座面倾斜角	5°

第6章

空间布局常识、尺寸与数据
布局学会灵活用

6.1
常识

6.1.1 别墅户型尺寸

项目（最小尺寸~舒适尺寸）		经济型	舒适型	享受型	奢华型
面积区间 /m²		150～200	200～250	250～300	≥300
整体	面宽 /m	5～6	6～7.5	7～8.6	8.5～12
	进深 /m	11～14	12.5～16.5	15～18	17～25
餐厅	面积 /m²	12～16	15～20	18～22	20～25
	开间 /m	3.0～3.4	3.5～4.0	4.2～4.5	4.5～5.0
	进深 /m	3.2～3.5	3.5～4.2	4.4～4.9	5.0～5.5
厨房	开间 /m	2.6～3.3	3.1～3.5	3.1～3.5	≥3.5
	进深 /m	2.4～3.6	2.6～3.0	2.6～3.0	2.7～3.0
次卧室	面积 /m²	10～15	14～18	14～18	18～20
	开间 /m	2.9～4.0	3.9～4.2	3.9～4.2	≥4.2
	进深 /m	3.2～4.2	3.5～3.7	3.5～3.7	3.9～4.2

项目（最小尺寸~舒适尺寸）		经济型	舒适型	享受型	奢华型
客厅	面积 /m²	20~30	25~35	30~40	40~48
	开间 /m	4.4~6.0	5.5~6.5	5.9~6.8	6.5~7.5
	进深 /m	4.5~5.5	5.5~6.0	5.8~6.5	6.5~7
楼道	宽度 /m	2.1~2.4	2.1~2.4	2.3~2.5	≥2.5
书房	面积 /m²	≥7~8 的独立书房	≥10 的独立书房	≥12 的独立书房	≥16 的独立书房
衣帽间	面积 /m²	≥6	≥6	≥8	≥8
主卫	开间 /m	2.3~3.3	≥3.6	≥3.6	≥3.6
	进深 /m	2.4~2.6	≥3.0	≥3.0	≥3.0
主卧室	面积 /m²	16~24	20~25	22~28	26~30
	开间 /m	4.0~5.0	4.5~5.0	4.5~5.5	5.0~5.5
	进深 /m	3.8~4.5	4.8~5.5	5.0~6.0	5.0~6.0

6.1.2 室内空间净高

室内空间净高，是指地面到上层楼板底面或吊顶底面的垂直距离。

单位：m

空间类型	要　　求
卧室、起居室	≥2.4
卧室、起居室局部	≥2.1，并且其面积不应大于室内使用面积的 1/3
厨房、卫生间	≥2.2

6.1.3 室内空间形状的心理感受

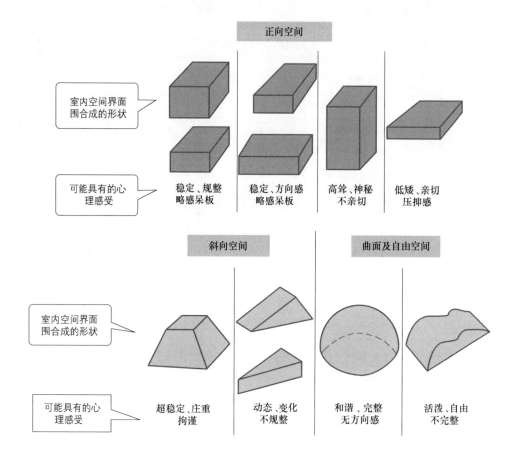

正向空间

室内空间界面
围合成的形状

可能具有的心
理感受

稳定、规整	稳定、方向感	高耸、神秘	低矮、亲切
略感呆板	略感呆板	不亲切	压抑感

斜向空间　　　　曲面及自由空间

室内空间界面
围合成的形状

可能具有的心
理感受

超稳定、庄重	动态、变化	和谐、完整	活泼、自由
拘谨	不规整	无方向感	不完整

6.1.4 人在空间中的流动与分布

流向	人流的内容	行为举例
	移动目的即行为目的的移动	休闲、散步
	流动停滞状态	休息、等候、枢纽地带
	具有行为目的的两点间的移动	上下楼、人流集散
	伴随其他行为目的的随意移动	观览、购物

6.1.5 人在空间中的秩序

分类	行为场所	图示
秩序图形	剧院、候车大厅等室内环境	
聚块图形	广场、游艺园、交易场所	
随意图形	步行街、休闲场地、商场	

6.1.6 色彩三要素的空间应用

色彩要素	人的感受	色彩要素	人的感受
明度高的色	向前	明度低的色	后退
暖色	向前	冷色	后退
高纯度色	向前	低纯度色	后退
色彩整齐	向前	色彩不整齐	边缘虚时有后退的感觉
色彩面积大	向前	色彩面积小	后退
规则形	向前	不规则形	后退

6.1.7 室内空间色彩的应用

空间元素	色彩的应用
室内色彩	以明度高的无彩色或低彩度的颜色为主色
天花板、墙面的颜色	常用白色、淡蓝色、乳白色等
地面的颜色	地面的颜色纯度应较低，明度应低于墙面颜色
家具的颜色	适合用中等明度、纯度不太高的颜色
布艺类的窗帘、沙发垫子、床品	可以适当选用一些明度较高或中等、纯度较高的颜色，增添活力、打破沉默，慎用明度较低又纯度过高的颜色

6.1.8 套内空间装修地面的标高

单位：m

位置	建议标高	备注
厨房地面	$-0.015 \sim -0.005$	当厨房地面材料与相邻地面材料不同时，与相邻空间地面用材料过渡

位置	建议标高	备注
卫生间门槛石顶面	±0.000 ～ +0.005	防渗水
卫生间地面	-0.015 ～ -0.005	防渗水
阳台地面	-0.015 ～ -0.005	开敞阳台或当阳台地面材料与相邻地面材料不相同时，防止水渗至相邻空间
入户门槛顶面	+0.010 ～ +0.015	防渗水
套内前厅地面	±0.000 ～ +0.005	套内前厅地面材料与相邻空间地面材料不同时
起居室、餐厅、卧室、走道地面	±0.000	以起居室（厅）、地面装修完成面为标高 ±0.000

注：以套内起居室（厅）地面装修完成面标高为 ±0.000。

6.1.9　室内空间材料质地的知觉特性

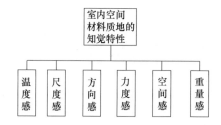

6.1.10　建筑的五种尺度

项目	特点
亲密尺度	亲密尺度是指可以看清对方表情的空间。该空间水平距离不超过 16m，竖直距离不超过 7m
普通尺度	普通尺度的水平距离不超过 24m，竖直距离不超过 10m
公共尺度	公共尺度是为了满足数量较多的人群使用，一般很少超过 170m
超大尺度	超大尺度多用在纪念性空间中
超长尺度	超长尺度往往与常规的人工性场所无关，而是指大自然中壮观的景观，如山脉、平原等

6.2

窗、门与楼梯的尺寸

6.2.1　民用建筑门洞口优先尺寸

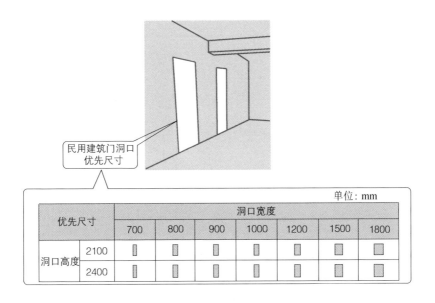

民用建筑门洞口优先尺寸

单位：mm

优先尺寸		洞口宽度						
		700	800	900	1000	1200	1500	1800
洞口高度	2100							
	2400							

6.2.2　民用建筑窗户洞口优先尺寸

单位：mm

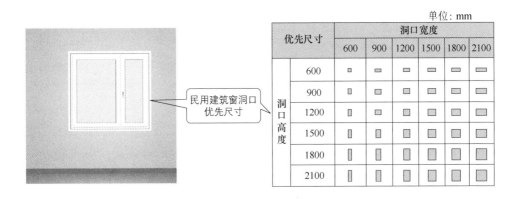

民用建筑窗洞口优先尺寸

优先尺寸		洞口宽度					
		600	900	1200	1500	1800	2100
洞口高度	600						
	900						
	1200						
	1500						
	1800						
	2100						

6.2.3 窗户、门有关数据尺寸

单位: mm

项目	数据尺寸
窗台最小高度	762 ～ 914
内门宽度	762 ～ 813
车库门的标准宽度	2439
车库门的最小宽度	2745

6.2.4 楼梯常见尺寸

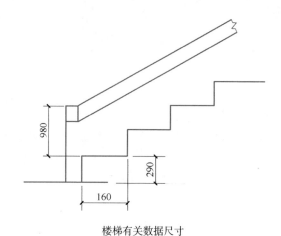

楼梯有关数据尺寸

项目	数据尺寸
室内楼梯踏面的高度	190mm
室内楼梯最小踏步宽度	279mm
室内楼梯最小踏面宽度	286mm
每一跑台阶不宜超过的阶数	16 阶
多少个台阶时设一休息平台	最好在 8 个台阶

台阶尺寸的计算:

1 踏面高 +1 踏步宽 = 431 ～ 457mm

2 踏面高 +1 踏步宽 = 609 ～ 627mm

1 踏面高 ×1 踏步宽 = 17780 ～ 19050mm^2

6.3

卧室的相关尺寸

6.3.1 床边缘与墙或其他障碍物间的通行距离

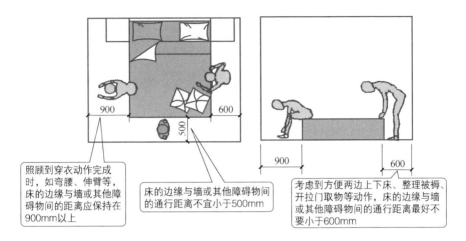

900   600

500

照顾到穿衣动作完成时，如弯腰、伸臂等，床的边缘与墙或其他障碍物间的距离应保持在900mm以上

床的边缘与墙或其他障碍物的通行距离不宜小于500mm

考虑到方便两边上下床、整理被褥、开拉门取物等动作，床的边缘与墙或其他障碍物间的通行距离最好不要小于600mm

900   600

6.3.2 卧室布局的考量

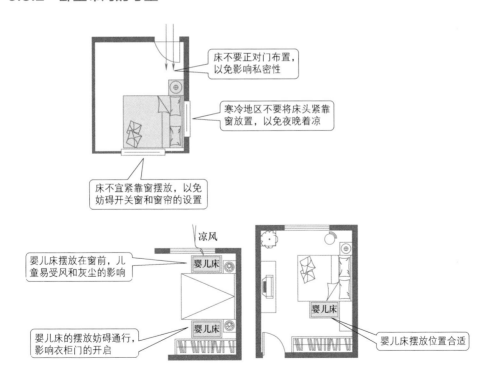

床不要正对门布置，以免影响私密性

寒冷地区不要将床头紧靠窗放置，以免夜晚着凉

床不宜紧靠窗摆放，以免妨碍开关窗和窗帘的设置

凉风

婴儿床摆放在窗前，儿童易受风和灰尘的影响

婴儿床的摆放妨碍通行，影响衣柜门的开启

婴儿床

婴儿床

婴儿床

婴儿床摆放位置合适

6.3.3　次卧室基本尺寸

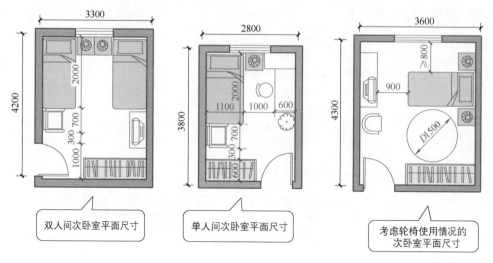

双人间次卧室平面尺寸

单人间次卧室平面尺寸

考虑轮椅使用情况的
次卧室平面尺寸

6.4

餐厅的相关尺寸

6.4.1　长方形餐桌的布局

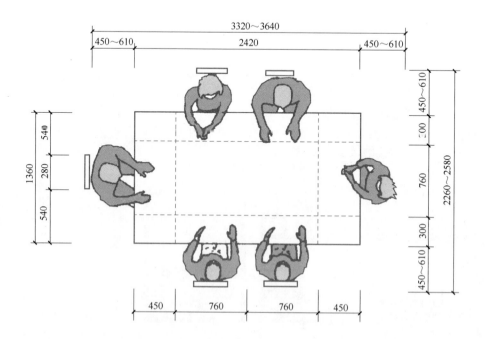

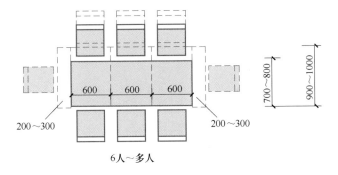

6人～多人

6.4.2　圆形餐桌的布局

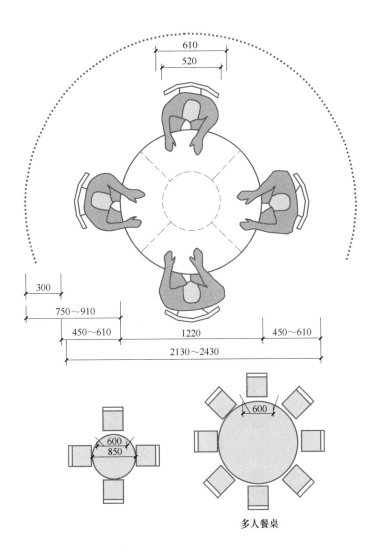

多人餐桌

6.4.3 正方形餐桌的布局

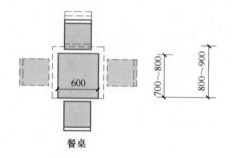

餐桌

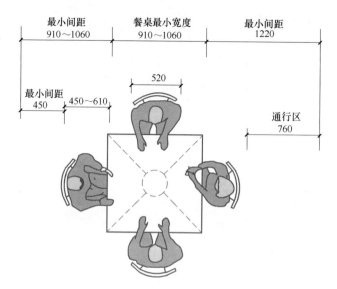

最小间距
910~1060

餐桌最小宽度
910~1060

最小间距
1220

最小间距
450

450~610

520

通行区
760

6.4.4 餐桌的尺度

就餐时,需要有视线交流,并且能够看到桌子上的菜品,因此,餐桌高度大约为640mm

6.4.5　西餐布局尺寸

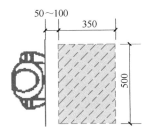

6.4.6　邻席布局尺寸

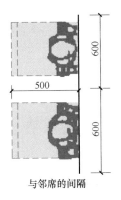

与邻席的间隔

6.4.7　兼娱乐的餐厅空间布局尺寸

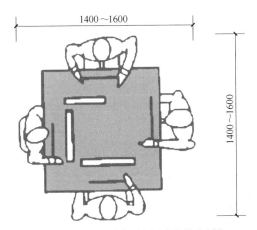

四人围坐游戏的净距空间(本图以麻将娱乐为例)

6.5

厨房的相关尺寸

6.5.1 厨房人体活动尺寸

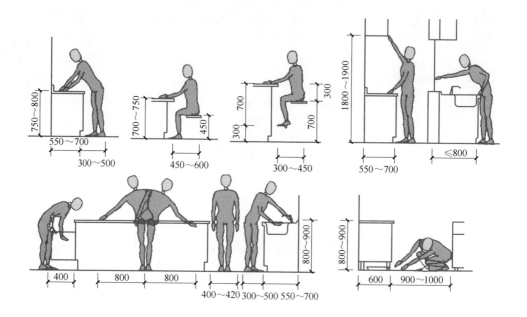

6.5.2 调理工作台的布局

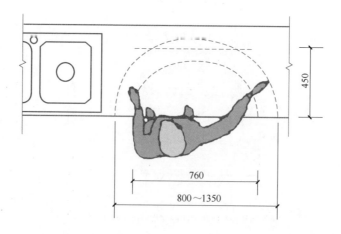

6.5.3 炉灶与烤箱的布局

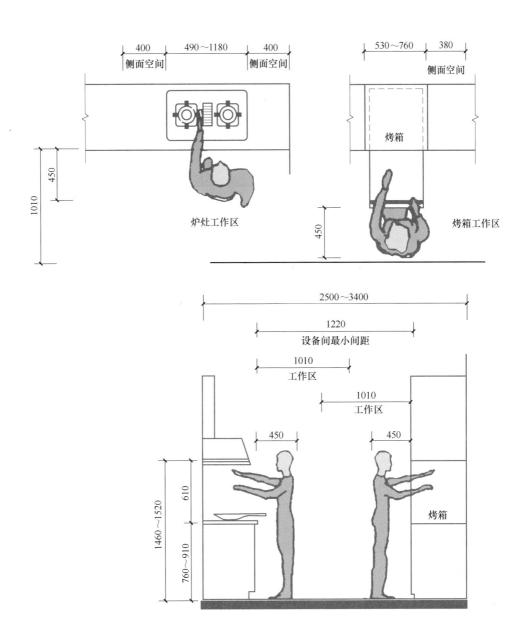

6.5.4 厨台的尺度

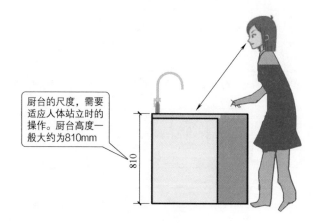

厨台的尺度，需要适应人体站立时的操作。厨台高度一般大约为810mm

810

6.5.5 厨房布局尺寸数据

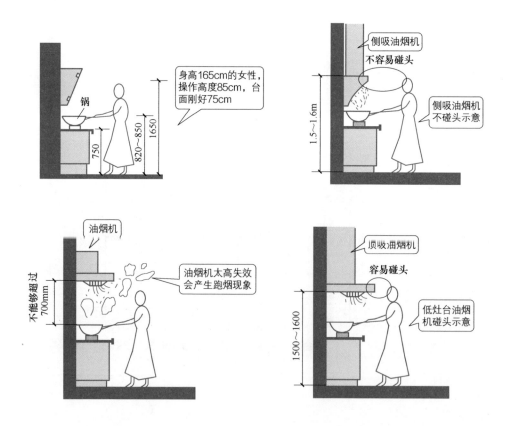

锅

身高165cm的女性，操作高度85cm，台面刚好75cm

750

820~850

1650

侧吸油烟机

不容易碰头

1.5~1.6m

侧吸油烟机不碰头示意

油烟机

不能够超过700mm

油烟机太高失效会产生跑烟现象

顶吸油烟机

容易碰头

1500~1600

低灶台油烟机碰头示意

6.6

储藏空间、衣柜与洗衣柜

6.6.1　储藏空间要求

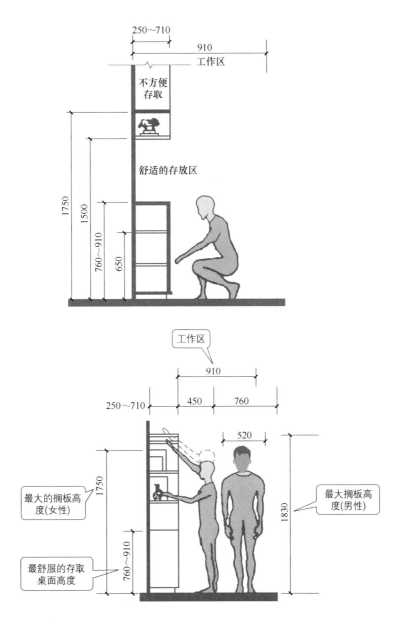

6.6.2　小储藏间空间要求

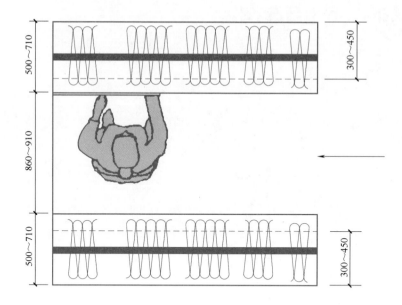

6.6.3　衣柜内部立面与工作区空间要求

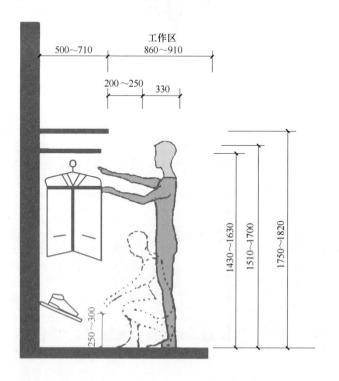

6.6.4　衣柜布局的原则

原则	要求
方便衣物分类放置	老年父母的衣物挂件较少，叠放衣物较多，因此布局时可以考虑多做些层板和抽屉。老年人因身体状况，不宜上爬或下蹲，衣柜里的抽屉不宜放置在最底层，应离地面大约 1000mm 高
遵循衣柜尺寸规范	（1）存被子的高度比较灵活，控制在 35cm 左右即可，一般都在衣柜的最上端。 （2）存鞋盒子的高度可以根据两个鞋盒子的高度，控制为 25～30cm 为最佳。 （3）挂裤子的高度为 80～90cm，裤子对折放放高度为 55～65cm。 （4）挂衣杆的安装高度以女主人的身高加 20cm 为最佳。 （5）挂衣杆距离上面板子为 4～6cm 距离较合适。距离太短，放衣架比较费劲；距离太长，又浪费空间。 （6）平开的柜门宽度为 40～55cm 为最佳。 （7）推拉柜门宽度为 60～80cm 为最佳。 （8）悬挂大衣的高度 150cm 足够用。最长的睡袍悬挂高度不到 140cm。长羽绒服 130cm。西服收纳装袋后 120cm。 （9）悬挂上衣的高度为 85～95cm。 （10）衣柜的进深一般为 55～60cm。平开门衣柜柜深 55cm（不含门），趟门衣柜柜深 60cm（含移门）
注重细节部位处理	自行定制柜体时，最好让空间等分，以免出现柜体内有死角的尴尬局面
按更换频度分区	衣柜根据衣物更换频度划分：过季区域、当季区域、常换区域

6.6.5　阳台洗衣柜布局

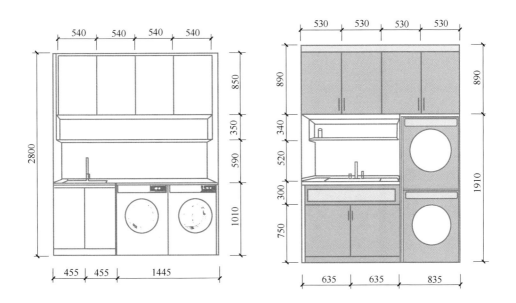

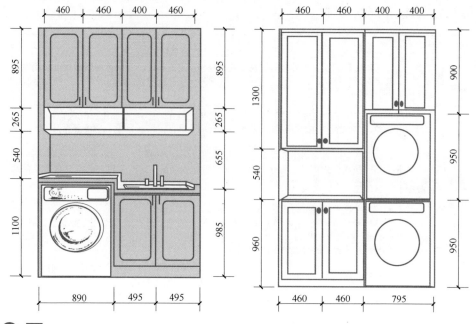

6.7

卫浴间

6.7.1　淋浴、浴盆的布局

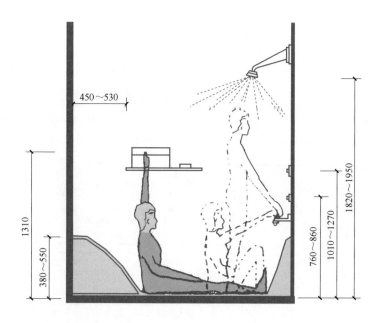

6.7.2 坐便器的布局

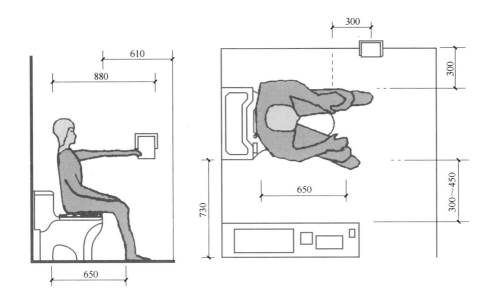

6.7.3 厕浴间有关数据尺寸

单位: mm

项　　目	数据尺寸
厕位的两面墙间应留出的空间	914
厕位至少的长度	914
窗台至少距地面的高度	1220
开关阀门安装距地面的高度	762 ～ 864
开关阀门和最高一个扶手距地面的高度	1067 ～ 1219
淋浴帘杆距浴缸底的高度	1829 ～ 1982
淋浴喷头距浴缸底的高度	1753 ～ 1829
门的最小宽度	610
喷头的控制阀应安装在距浴盆表面的高度	1219 ～ 1321
一个毛巾架距喷头的距离	152

第 **7** 章

家居空间布局实战
践行实用技能

7.1
卧室空间

7.1.1　卧室类型分类与面积

　　卧室空间可以分为主卧与次卧。次卧有客房、老人房、儿童房、书房、保姆房等。

　　卧室最重要的属性是私密性。如果卧室空间较小，则床采取贴墙布局，以便留出更多活动空间。

　　为了满足休息的要求，可以布局休息室、卧室，表现出休息区与睡眠区的差异。

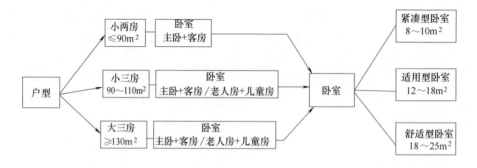

7.1.2 主卧空间功能区的划分

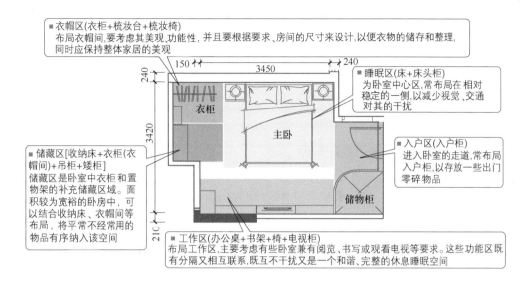

■ 衣帽区(衣柜+梳妆台+梳妆椅)
布局衣帽间,要考虑其美观、功能性,并且要根据要求、房间的尺寸来设计,以便衣物的储存和整理,同时应保持整体家居的美观

■ 睡眠区(床+床头柜)
为卧室中心区,常布局在相对稳定的一侧,以减少视觉、交通对其的干扰

■ 入户区(入户柜)
进入卧室的走道,常布局入户柜,以存放一些出门零碎物品

■ 储藏区[收纳床+衣柜(衣帽间)+吊柜+矮柜]
储藏区是卧室中衣柜和置物架的补充储藏区域。面积较为宽裕的卧房中,可以结合收纳床、衣帽间等布局,将平常不经常用的物品有序纳入该空间

■ 工作区(办公桌+书架+椅+电视柜)
布局工作区,主要考虑有些卧室兼有阅览、书写或观看电视等要求。这些功能区既有分隔又相互联系,既互不干扰又是一个和谐、完整的休息睡眠空间

7.1.3 紧凑型卧室与功能区布局

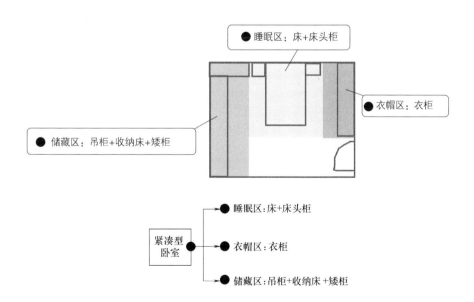

● 睡眠区:床+床头柜

● 衣帽区:衣柜

● 储藏区:吊柜+收纳床+矮柜

紧凑型卧室
- ● 睡眠区:床+床头柜
- ● 衣帽区:衣柜
- ● 储藏区:吊柜+收纳床+矮柜

7.1.4 适用型卧室与功能区布局

适用型卧室
- 睡眠区：床+床头柜+梳妆台
- 衣帽区：衣柜
- 储藏区：书桌+书架
- 储藏区：吊柜+收纳床+衣柜(衣帽间)

7.1.5 舒适型卧室与功能区布局

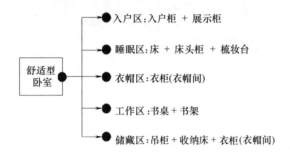

舒适型卧室
- 入户区：入户柜 + 展示柜
- 睡眠区：床 + 床头柜 + 梳妆台
- 衣帽区：衣柜(衣帽间)
- 工作区：书桌 + 书架
- 储藏区：吊柜 + 收纳床 + 衣柜(衣帽间)

7.1.6 卧室空间布局原则

卧室空间布局原则：家具造型宜规整、尺度得当，墙面吊顶宜简洁大方，空间布局要平淡稳重等。

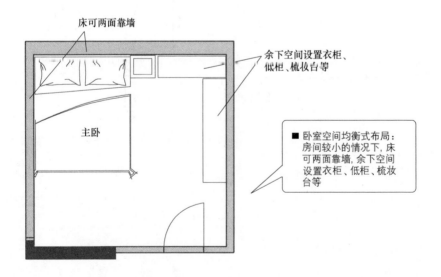

床可两面靠墙

余下空间设置衣柜、低柜、梳妆台等

主卧

■ 卧室空间均衡式布局：房间较小的情况下，床可两面靠墙，余下空间设置衣柜、低柜、梳妆台等

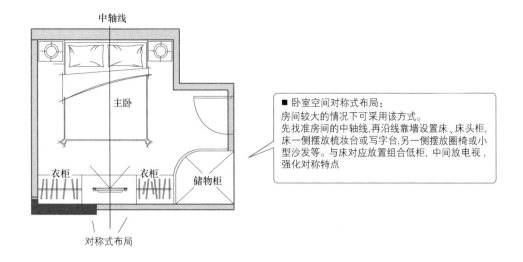

中轴线

主卧

衣柜　　衣柜　　储物柜

对称式布局

■ 卧室空间对称式布局:
房间较大的情况下可采用该方式。
先找准房间的中轴线,再沿线靠墙设置床、床头柜,
床一侧摆放梳妆台或写字台,另一侧摆放圈椅或小
型沙发等。与床对应置组合低柜,中间放电视,
强化对称特点

7.1.7　卧室空间布局的分析

卧室是住宅居室中最具私密性的房间,布局应营造一个恬静、温馨的睡眠空间。卧室应布局在住宅平面的尽端,以不被穿通。

卧室的床位应尽可能布局在房间的尽端或一角。

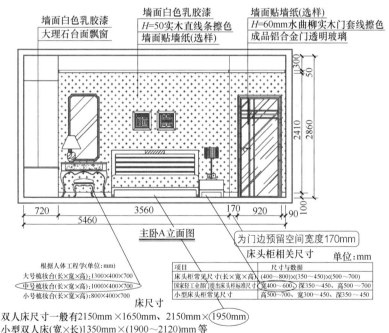

墙面白色乳胶漆
大理石台面飘窗

墙面白色乳胶漆
H=50实木直线条擦色
墙面贴墙纸(选样)

墙面贴墙纸(选样)
H=60mm水曲柳实木门套线擦色
成品铝合金门透明玻璃

1300　50

2410　2860

100

720　　3560　　170　920　90
5460

主卧A立面图

为门边预留空间宽度170mm

根据人体工程学(单位:mm)
大号梳妆台(长×宽×高):1300×400×700
中号梳妆台(长×宽×高):1000×400×700
小号梳妆台(长×宽×高):800×400×700

床尺寸

双人床尺寸一般有2150mm×1650mm、2150mm×1950mm
小型双人床(宽×长)1350mm×(1900~2120)mm 等

床头柜相关尺寸
单位:mm

项目	尺寸与数据
床头柜常见尺寸(长×宽×高)	(400~800)×(350~450)×(500~700)
国家轻工业部门提出床头柜标准尺寸	宽400~600、深350~450、高500~700
小型床头柜常见尺寸	高500~700、宽300~450、深350~450

从图中看出净尺寸为(3560+170)mm,大于3550mm(1000mm+1950mm+600mm),说明可以布局放置床+梳妆台+床头柜。其中,为门边预留空间宽度170mm。梳妆台、床、床头柜的常见尺寸可以查到,并且检验是否可行。可行后,再对尺寸进行协调,使尺寸既满足实用要求,又可以购买实现,还具有尺寸协调美感

7.1.8 卧室储物空间的布局

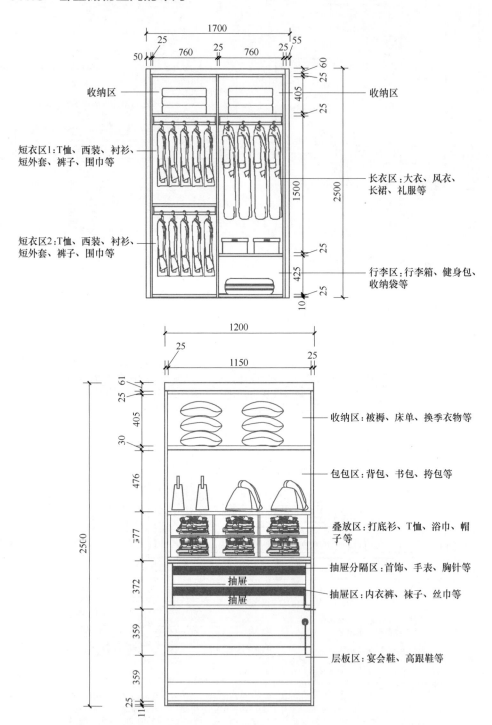

收纳区

短衣区1:T恤、西装、衬衫、短外套、裤子、围巾等

短衣区2:T恤、西装、衬衫、短外套、裤子、围巾等

收纳区

长衣区:大衣、风衣、长裙、礼服等

行李区:行李箱、健身包、收纳袋等

收纳区:被褥、床单、换季衣物等

包包区:背包、书包、拎包等

叠放区:打底衫、T恤、浴巾、帽子等

抽屉分隔区:首饰、手表、胸针等

抽屉区:内衣裤、袜子、丝巾等

层板区:宴会鞋、高跟鞋等

7.1.9 卧室墙面布局乳胶漆图案类型（拼色床头墙）

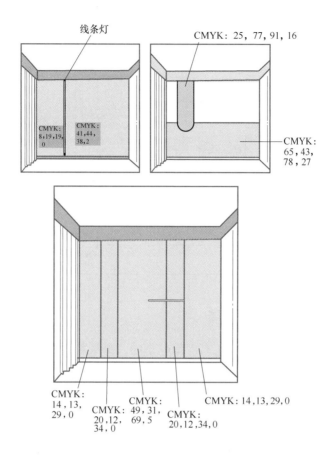

线条灯

CMYK：25，77，91，16

CMYK：8,19,19,0

CMYK：41,44,38,2

CMYK：65，43，78，27

CMYK：14，13，29，0

CMYK：49，31，69，5

CMYK：20,12,34,0

CMYK：14,13,29,0

CMYK：20,12,34,0

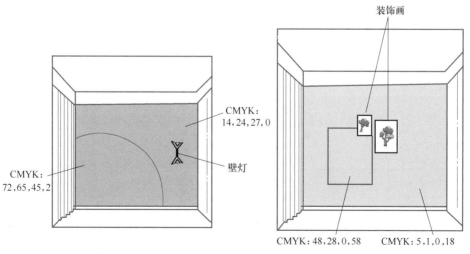

装饰画

CMYK：14，24，27，0

壁灯

CMYK：72,65,45,2

CMYK：48,28,0,58

CMYK：5,1,0,18

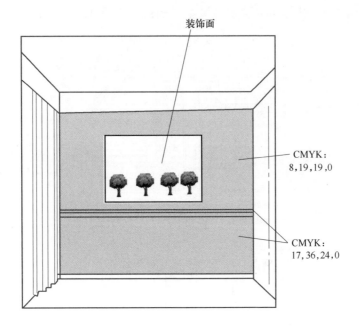

装饰面

CMYK：
8,19,19,0

CMYK：
17,36,24,0

7.1.10　卧室墙整墙乳胶漆布局

　　卧室墙面整墙乳胶漆的颜色有灰绿、烟粉、高级灰、蓝色、粉红色、米黄、黄色、浅灰、蓝灰、活力绿色等。有的采用乳白色乳胶漆。

7.1.11　仅床铺 + 床头柜卧室的布局

　　可以首先确定床边缘与墙或其他障碍物间的通行距离，再确定床铺 + 床头柜的尺寸，然后调整尺寸、协调尺寸，最后整理得出布局尺寸。

900　　600　　500

可以首先确定床边缘与墙或其他障碍物间的通行距离

900　　600　　500

再确定床铺+床头柜的尺寸，然后调整尺寸、协调尺寸，最后整理得出布局尺寸

7.1.12 主卧室布局的考量案例

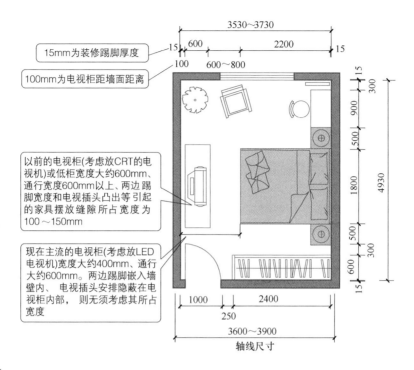

15mm为装修踢脚厚度

100mm为电视柜距墙面距离

以前的电视柜(考虑放CRT的电视机)或低柜宽度大约600mm、通行宽度600mm以上、两边踢脚宽度和电视插头凸出等引起的家具摆放缝隙所占宽度为100～150mm

现在主流的电视柜(考虑放LED电视机)宽度大约400mm、通行大约600mm。两边踢脚嵌入墙壁内、电视插头安排隐蔽在电视柜内部，则无须考虑其所占宽度

轴线尺寸

7.2
儿童房

7.2.1 儿童房空间考虑因素与布局措施

儿童房空间的要求如下。

（1）安全性布局，插座可以单独设计一路。

（2）避免呆板、僵硬的布局，活泼、有创意的设计有助于培养乐观向上的性格。

（3）不布局棱角分明的家具，以防儿童磕碰受伤。

（4）床的正上方不设置吊灯，以防撞头及灯的颜色与位置对儿童视力造成不利影响。

（5）床头上方不宜布局物品架，以防物品坠落砸伤儿童。

（6）儿童床不邻窗布局，以防着凉或发生危险。窗户应设置防护措施，以确保安全。

（7）儿童房书桌旁应留出家长辅导的空间。

(8) 防止位置较高的重物坠落和尺寸较大的家具倒落砸伤儿童。

(9) 房间保留一定的私密性有利儿童心理健康成长。

(10) 尽量减少布局大面积的玻璃、镜面。

(11) 条件允许可保留一块空白墙面供儿童涂画或设计一大块画板。

(12) 要留出一定空间供孩子玩耍活动用。

(13) 衣柜、收纳柜宜布局可灵活调整高度的分隔方式，以满足儿童成长中的变化需求。

(14) 有足够的储藏空间存放物品与玩具。

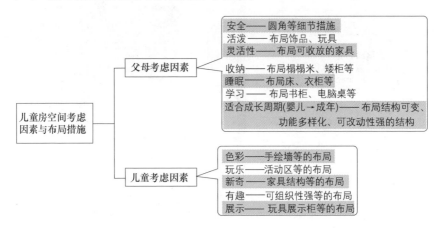

7.2.2　儿童房空间的划分

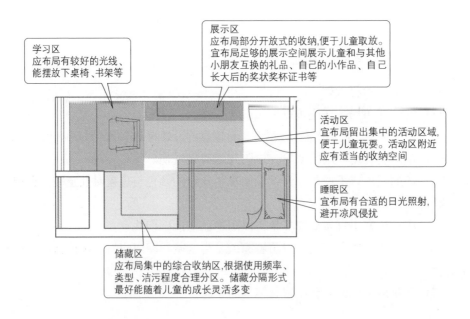

7.2.3 儿童房成长空间区域占比

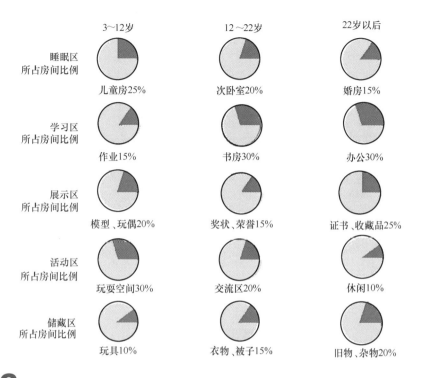

7.3

书房

7.3.1 书房空间的类型

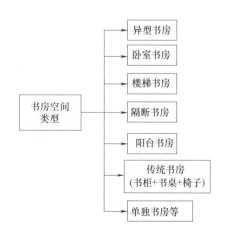

7.3.2 书房空间元素与布局

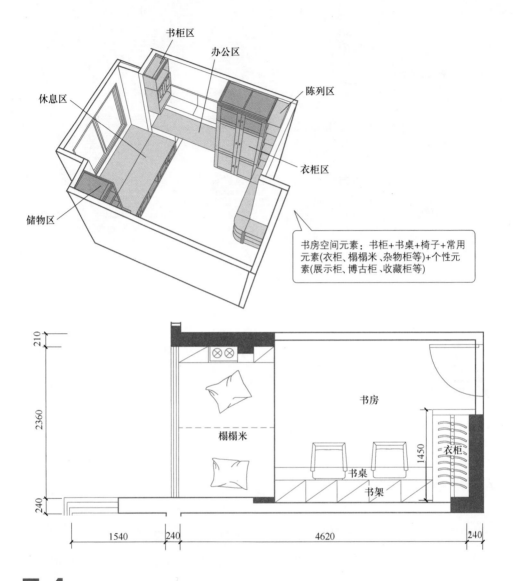

书柜区

办公区

陈列区

休息区

衣柜区

储物区

书房空间元素：书柜+书桌+椅子+常用元素(衣柜、榻榻米、杂物柜等)+个性元素(展示柜、博古柜、收藏柜等)

210

2360

240

榻榻米

书房

衣柜

1450

书桌

书架

1540

240

4620

240

7.4
客厅

7.4.1 客厅空间分区

客厅是家人团聚、起居、休息、会客、娱乐、进行视听活动等具有多种功能的居室。 有的客厅兼有用餐、工作、学习的功能与摆放家具等。

客厅是居住建筑中使用活动最为集中、使用频率最高的核心室内空间。

客厅的布局应有通透性，不布局太多的家具与物件，整体协调性强，尺度恰当，符合连贯性、隐私性、合理性等要求。

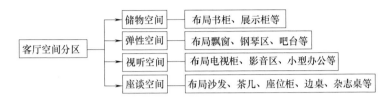

7.4.2 客厅空间布局分析案例1

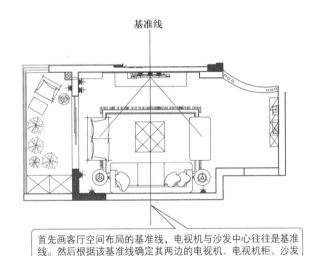

首先画客厅空间布局的基准线，电视机与沙发中心往往是基准线。然后根据该基准线确定其两边的电视机、电视机柜、沙发的对称布局尺寸，并且考虑相关过道尺寸

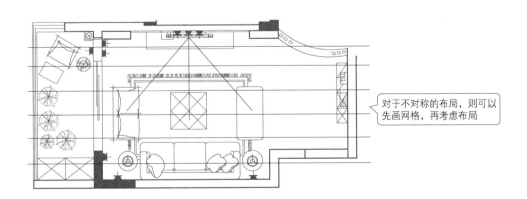

对于不对称的布局，则可以先画网格，再考虑布局

7.4.3 客厅空间布局分析案例 2

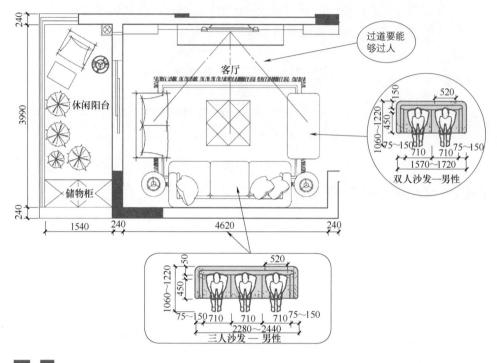

7.5
玄关

7.5.1 玄关位置坐凳的布局

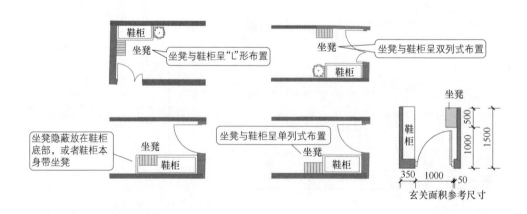

7.5.2　鞋柜底部布局扫地机器人的插座

鞋柜底部留扫地机器人插座

7.6
餐厅

7.6.1　餐厅空间的布局

餐厅的位置应布局靠近厨房。餐厅可以为单独的房间，也可从起居室中以轻质隔断或家具分隔成相对独立的用餐空间。

餐厅除了设置餐桌、餐椅外，还可以设置餐具橱柜等设备设施。

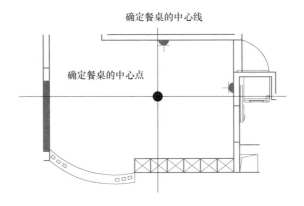

确定餐桌的中心线

确定餐桌的中心点

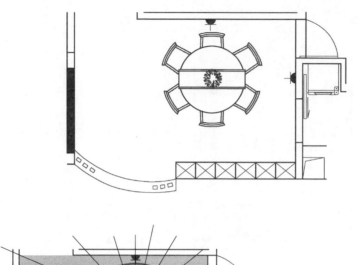

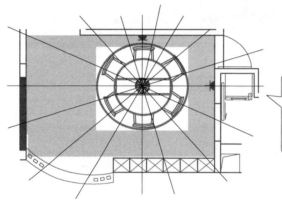

首先确定餐桌的中心点与中心线，然后确定餐厅的设备位置，再考虑餐桌的大小与餐椅的空间布局尺寸，接着确定过道通行要求尺寸与其他餐厅的设备位置的尺寸要求。最后协调尺寸，整理尺寸，得出布局尺寸

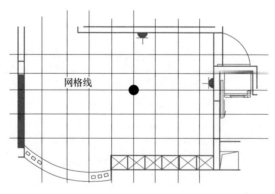

网格线

也可以采用模数网格线来定位布局空间的尺度

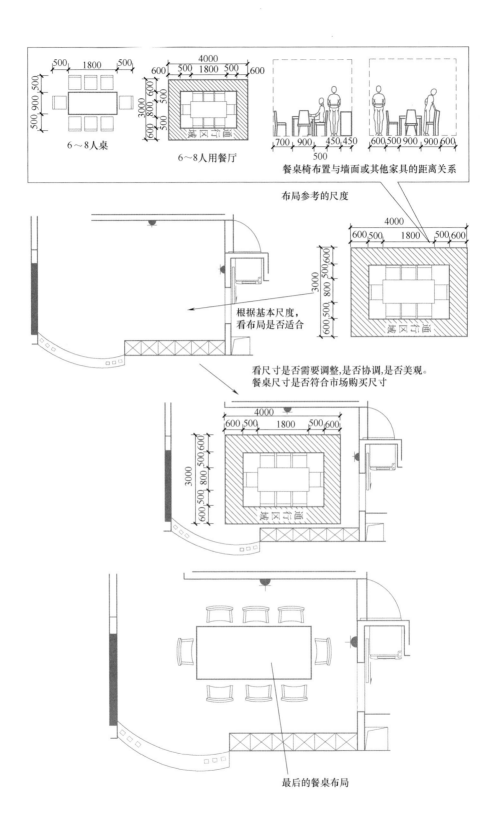

500 1800 500

500 900 500

6～8人桌

4000
600 500 1800 500 600

3000
600 800 600
500 600

通行区域

6～8人用餐厅

700 900 450 450
500

600 500 900 900 600

餐桌椅布置与墙面或其他家具的距离关系

布局参考的尺度

4000
600 500 1800 500 600

3000
500 600
800
600 500

通行区域

根据基本尺度，
看布局是否适合

看尺寸是否需要调整,是否协调,是否美观。
餐桌尺寸是否符合市场购买尺寸

4000
600 500 1800 500 600

3000
500 600
800
600 500

通行区域

最后的餐桌布局

7.6.2 餐厅酒柜

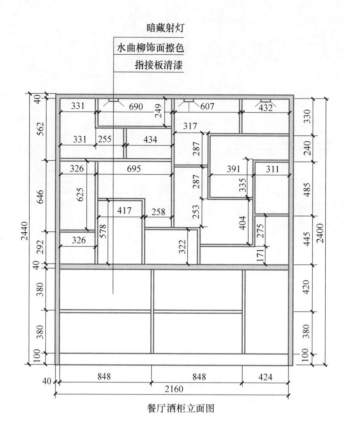

餐厅酒柜立面图

7.7

厨房

7.7.1 炊事行为对应的空间布局

7.7.2 厨房操作的动线与其联系

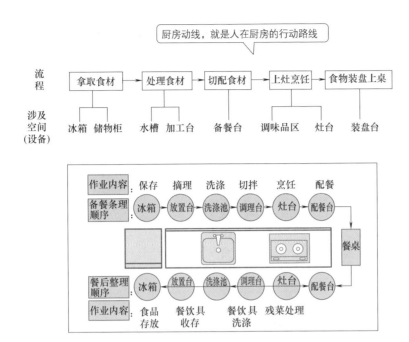

厨房动线，就是人在厨房的行动路线

流程　拿取食材 → 处理食材 → 切配食材 → 上灶烹饪 → 食物装盘上桌

涉及空间（设备）　冰箱　储物柜　　水槽　加工台　　备餐台　　调味品区　灶台　　装盘台

作业内容　保存　摘理　洗涤　切拌　烹饪　配餐

备餐条理顺序　冰箱 → 放置台 → 洗涤池 → 调理台 → 灶台 → 配餐台 → 餐桌

餐后整理顺序　冰箱 ← 放置台 ← 洗涤池 ← 调理台 ← 灶台 ← 配餐台

作业内容　食品存放　餐饮具收存　餐饮具洗涤　残菜处理

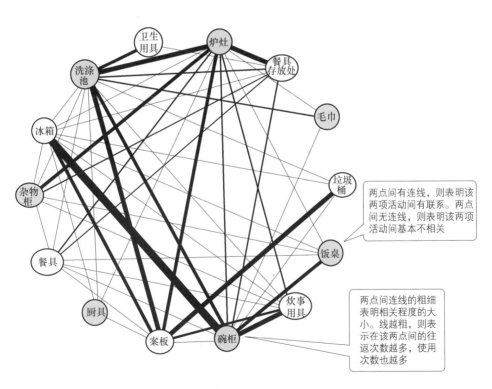

两点间有连线，则表明该两项活动间有联系。两点间无连线，则表明该两项活动间基本不相关

两点间连线的粗细表明相关程度的大小。线越粗，则表示在该两点间的往返次数越多，使用次数也越多

7.7.3　厨房布局吊滑门

　　以前，厨房常设置安装推拉门。但是，由于推拉门的轨道在地面上，必须要在地面上开槽或者做轨道，存在凸出，易绊倒，并且不方便清理。

　　现在厨房常布局设置安装吊轨门。吊轨门的轨道在门上面。因此，地面平整度、整体感强，而且容易清理。

7.7.4　厨房设备的三角形三顶点布局

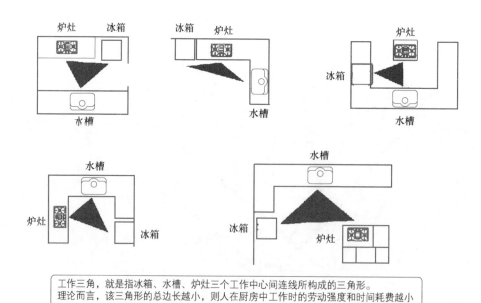

工作三角，就是指冰箱、水槽、炉灶三个工作中心间连线所构成的三角形。
理论而言，该三角形的总边长越小，则人在厨房中工作时的劳动强度和时间耗费越小

7.7.5 厨房 L 形台面布局划分

厨房空间布局的类型：单面墙布局、通道式布局、U 形布局、L 形布局等。

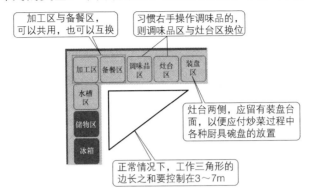

7.7.6 厨房有关数据尺寸

单位：mm

项目	数据尺寸
U 形通道最小宽度	1219
操作台的标准高度	915
操作台的标准深度	610
吊柜距操作台表面的最小距离	381
吊柜深度	305

7.7.7 厨房家具的布局

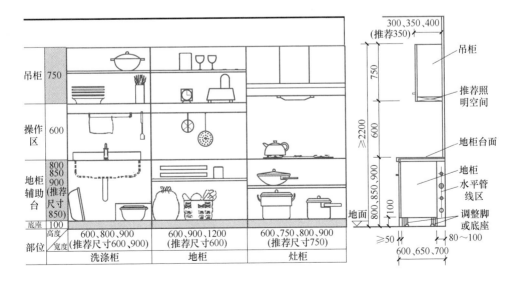

7.7.8　厨房电器的参数

名称	额定功率 /W	额定电压 /V	额定频率 /Hz
洗碗机	2200		
橱柜式净水设备	300		
垃圾处理器	400		
燃气热水器	130	220	50
双眼电灶	3000		
电烤箱	2000～3600		
消毒柜	600		

7.7.9　厨房电器插座高度与参考数量

高度 /mm	数量 / 个	适用设备
300	3	洗碗机、烤箱、电冰箱
1200	4	微波炉、电饭锅、消毒柜、烤箱、开水壶等厨房小家电、热水器
2100	2	吸油烟机、燃气报警装置、排气扇

7.7.10　厨房 U 形布局的案例

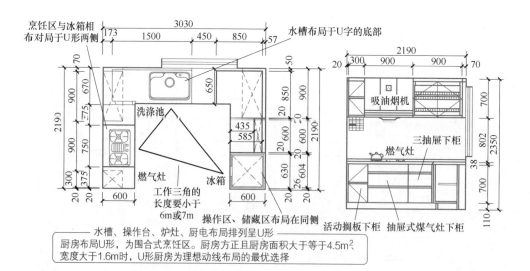

厨房布局U形，为围合式烹饪区。厨房方正且厨房面积大于等于4.5m²，宽度大于1.6m时，U形厨房为理想动线布局的最优选择

7.7.11 厨房L形布局的案例

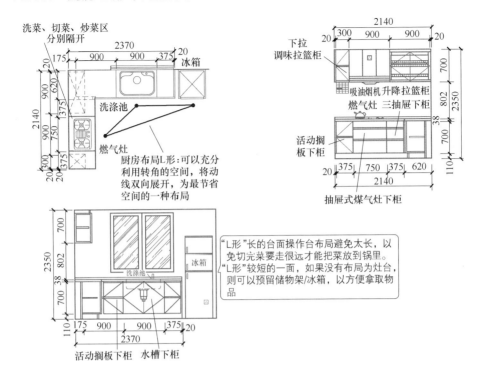

洗菜、切菜、炒菜区
分别隔开

2370
900 900 375 20

冰箱

175 20

洗涤池

2140 900 620 375

燃气灶

厨房布局L形:可以充分
利用转角的空间,将动
线双向展开,为最节省
空间的一种布局

20 20

下拉
调味拉篮柜

2140
300 900 900 20

吸油烟机升降拉篮柜
燃气灶 三抽屉下柜

活动搁
板下柜

700

802 2350

38

700

375 750 375 620
2140

20

110

抽屉式煤气灶下柜

700

802 2350

38

700

冰箱

洗涤池

"L形"长的台面操作台布局避免太长,以
免切完菜要走很远才能把菜放到锅里。
"L形"较短的一面,如果没有布局为灶台,
则可以预留储物架/冰箱,以方便拿取物
品

175 900 900 375 20
2350

110

活动搁板下柜 水槽下柜

7.7.12 厨房一字形布局的案例

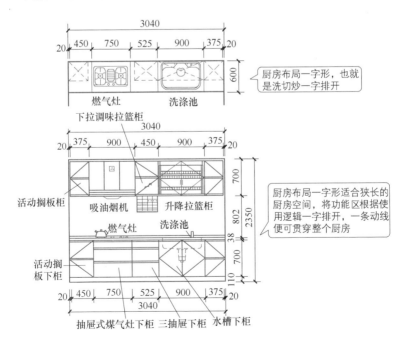

3040
450 750 525 900 375 20

20

600

燃气灶 洗涤池

厨房布局一字形,也就
是洗切炒一字排开

下拉调味拉篮柜

3040
375 900 450 900 375 20

20

活动搁板柜 吸油烟机 升降拉篮柜

燃气灶 洗涤池

活动搁
板下柜

700

802 2350

38

700

110

厨房布局一字形适合狭长的
厨房空间,将功能区根据使
用逻辑一字排开,一条动线
便可贯穿整个厨房

20 450 750 525 900 375 20
3040

抽屉式煤气灶下柜 三抽屉下柜 水槽下柜

7.8
卫浴

7.8.1　卫生间门布局设置平开门

卫生间门可以采用平开门。平开门是指合页装于门侧面，向内或向外开启的门。平开门打开面积大，需要占用空间以供门的开启。

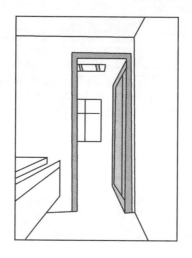

7.8.2　卫生间门布局设置平开门轨道玻璃门

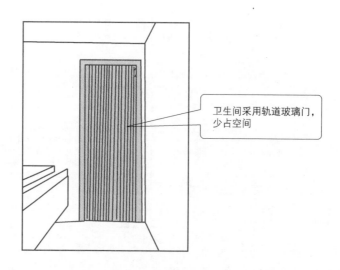

卫生间采用轨道玻璃门，少占空间

7.8.3 卫生间门布局设置钛合金门

7.8.4 卫生间门布局设置极窄边框长虹门

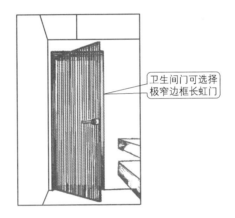

卫生间门可选择
极窄边框长虹门

7.8.5 卫浴间布局挖洞收纳

洗手池上方或者旁边
可以挖洞，用于洗漱
用品等物品的放置

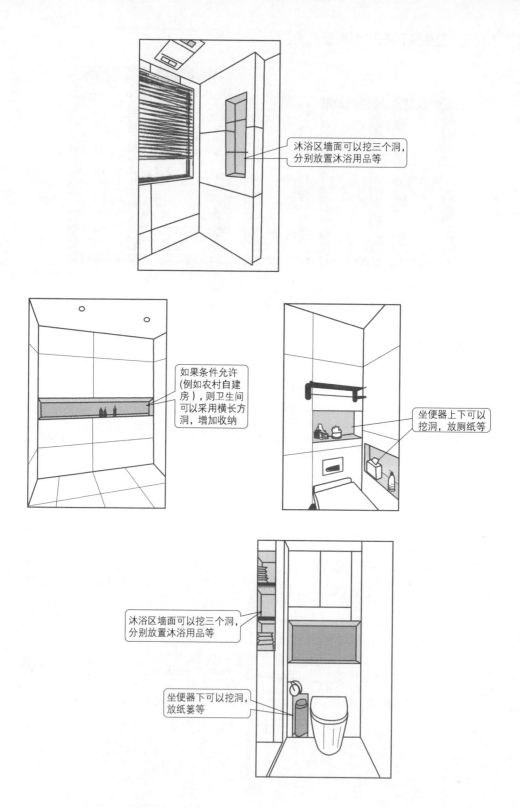

沐浴区墙面可以挖三个洞，分别放置沐浴用品等

如果条件允许（例如农村自建房），则卫生间可以采用横长方洞，增加收纳

坐便器上下可以挖洞，放厕纸等

沐浴区墙面可以挖三个洞，分别放置沐浴用品等

坐便器下可以挖洞，放纸篓等

7.8.6 卫浴空间布局的分析

卫生间布局应综合考虑洗漱、厕所等功能的使用。卫生间地坪应向排水口倾斜。

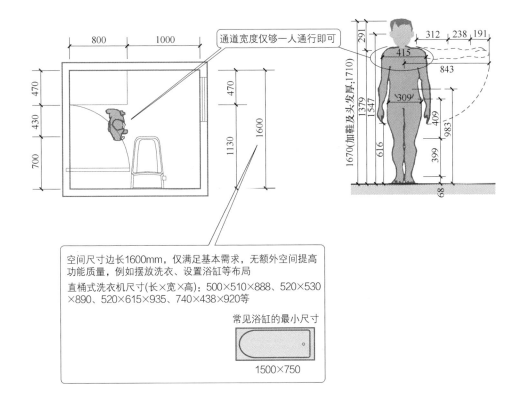

通道宽度仅够一人通行即可

空间尺寸边长1600mm,仅满足基本需求,无额外空间提高功能质量,例如摆放洗衣、设置浴缸等布局
直桶式洗衣机尺寸(长×宽×高):500×510×888、520×530×890、520×615×935、740×438×920等

常见浴缸的最小尺寸

1500×750

7.8.7 卫生间空间布局案例1

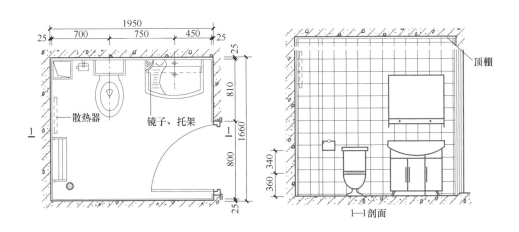

散热器

镜子、托架

顶棚

1—剖面

7.8.8 卫生间空间布局案例 2

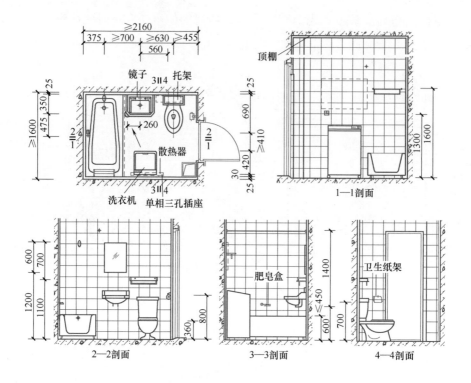

1—1剖面

2—2剖面

3—3剖面

4—4剖面

7.8.9 卫生间空间布局案例 3

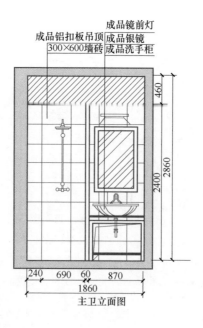

主卫立面图

7.9

界面的布局

7.9.1 不规则界面的布局

不规则界面的布局宜做规整化布局。

不规则的顶面宜在边部采用非等宽的材料做收边调整，并宜使中部顶面取得规整形状。

不规则的墙面宜采用涂料或无花纹的墙纸（布）饰面，并宜淡化墙面的不规整感。

不规则的饰面材料宜铺贴在隐蔽的位置或大型家具的遮挡区域。

当以块面材料铺装不规整的地面时，宜在地面的边部用与中部块面材料不同颜色的非等宽的块面材料做收边调整。

7.9.2 装饰装修界面连接的布局

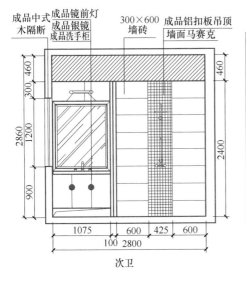

次卫

装饰装修界面连接的布局
(1)不同界面上或同一界面上出现菱形块面材料对接时，块面材料对接的拼缝宜贯通，并宜在界面的边部做收边布局。
(2)成品饰面材料尺寸宜与设备尺寸及安装位置协调布局。
(3)同一界面上不同饰面材料平面对接时，对接处可采用离缝、错落的方法分开或加入第三种材料过渡布局。
(4)同一界面上两块相同花纹的材料平面对接时，宜使对接处的花纹、色彩、质感对接自然。
(5)同一界面上铺贴两种或两种以上不同尺寸的饰面材料时，宜选择大尺寸为小尺寸的整数倍，且大尺寸材料的一条边宜与小尺寸材料的其中一条边对缝布局。
(6)相邻界面上装饰装修材料成角度相交时，宜在交界处做造型布局。
(7)相邻界面同时铺贴成品块状饰面板时，宜采用对缝或间隔对缝方式衔接布局

7.10

过道、插座与陈设品

7.10.1　过道内设置两扇及以上门布局要求

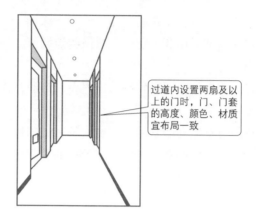

过道内设置两扇及以上的门时，门、门套的高度、颜色、材质宜布局一致

7.10.2　斜五孔插座的布局设置

　　由于用电设备的变化，正五孔插座有时插销不能够同时插入。为此，现流行设置斜五孔插座、带 USB 插座。五孔插座往往更具实用性。

没有把握，就安装正五孔插座

新型插座

7.10.3　插座"反着装"布局设置

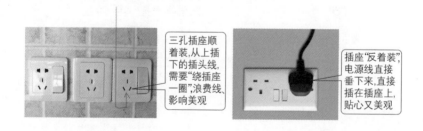

三孔插座顺着装，从上插下的插头线，需要"绕插座一圈"，浪费线、影响美观

插座"反着装"，电源线直接垂下来，直接插在插座上，贴心又美观

7.10.4　陈设品宜布局的位置

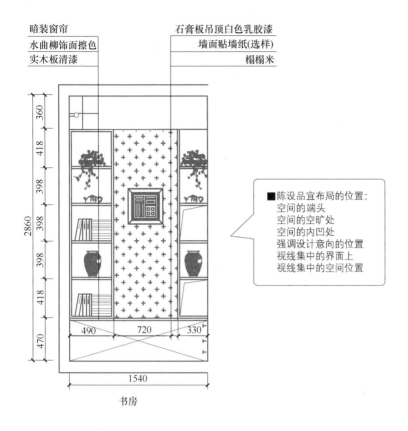

暗装窗帘
水曲柳饰面擦色
实木板清漆

石膏板吊顶白色乳胶漆
墙面贴墙纸(选样)
榻榻米

■陈设品宜布局的位置:
空间的端头
空间的空旷处
空间的内凹处
强调设计意向的位置
视线集中的界面上
视线集中的空间位置

书房

第8章

家具、设备尺寸
布局摆装得靠谱

8.1

家具、设备具体尺寸

8.1.1 凳子尺寸

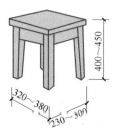

8.1.2 椅子尺寸

8.1.3　桌子尺寸

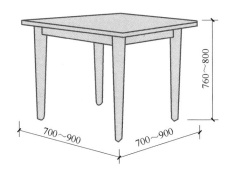

8.1.4　沙发尺寸

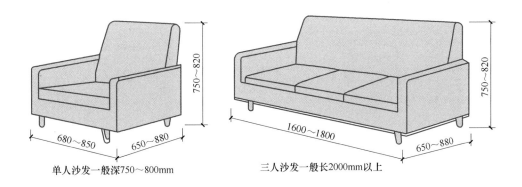

单人沙发一般深750～800mm

三人沙发一般长2000mm以上

8.1.5　曲形沙发长座尺寸

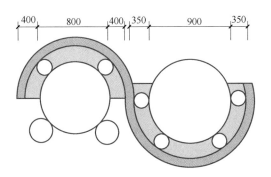

8.1.6 洗脸盆尺寸

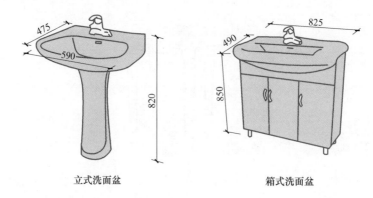

立式洗面盆   箱式洗面盆

8.1.7 坐便器尺寸

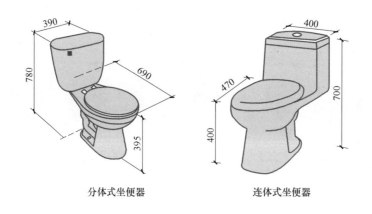

分体式坐便器   连体式坐便器

8.1.8 墩布池尺寸

8.1.9 伞架与伞架柜尺寸

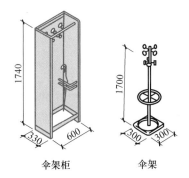

伞架柜　　　伞架

8.1.10 单门地柜尺寸

单位：mm

项目	尺寸
深度	560(不含门板) 深400(不含门板) 深240(不含门板)
高度	700(不含踢脚)
宽度	300 360 400 450 500 600等

8.1.11 双门地柜尺寸

单位：mm

项目	尺寸
深度	560(不含门板) 400(不含门板) 240(不含门板)
高度	700(不含踢脚)
宽度	600 720 800 900 1000等

8.1.12　烤箱、消毒柜地柜尺寸

单位：mm

项目	尺寸
深度	560(不含门板)
高度	700(不含踢脚)
宽度	600等

8.1.13　功能地柜尺寸

单位：mm

项目	尺寸
深度	560(不含门板)
高度	700(不含踢脚)
宽度	200 / 300 / 400等

功能地柜、装带门式米箱、
多功能拉篮等

8.1.14　抽屉地柜尺寸

单位：mm

项目	尺寸
深度	560(不含门板)
高度	700(不含踢脚)
宽度	720 / 800 / 900等

可装炉台拉篮
及碗盘篮带门式

二等分拉篮地柜

单位：mm

项目	尺寸
深度	560(不含门板)
高度	700(不含踢脚)
宽度	300 / 360 / 400 / 450 / 500 / 600等

小抽配下
装隐藏导
轨及三节
轨

单抽单门地柜

单位：mm

项目	尺寸
深度	560(不含门板)
高度	700(不含踢脚)
宽度	400 / 450 / 500 / 600 / 720 / 800 / 900等

四等分抽屉柜

单位：mm

项目	尺寸
深度	560(不含门板)
高度	700(不含踢脚)
宽度	400 / 450 / 500 / 600 / 720 / 800 / 900等

二小一大抽屉柜

单位：mm

项目	尺寸
深度	560(不含门板)
高度	700(不含踢脚)
宽度	400
	450
	500
	600
	720
	800
	900等

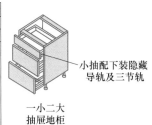

小抽配下装隐藏
导轨及三节轨

一小二大
抽屉地柜

单位：mm

项目	尺寸
深度	560(不含门板)
高度	700(不含踢脚)
宽度	400
	450
	500
	600
	720
	800
	900等

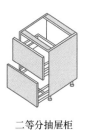

二等分抽屉柜

单位：mm

项目	尺寸
深度	560(不含门板)
高度	700(不含踢脚)
宽度	600
	720
	800
	900
	1000等

小抽配下装隐藏
导轨及三节轨

单抽双门地柜

单位：mm

项目	尺寸
深度	560(不含门板)
高度	700(不含踢脚)
宽度	400
	450
	500
	600
	720
	800
	900等

一抽+子母抽地柜

8.1.15 气瓶地柜尺寸

可装炉台拉篮及
带门式碗盘篮

单位：mm

项目	尺寸
深度	560(不含门板)
高度	700(不含踢脚)
宽度	400
	450等

气瓶地柜

8.1.16 开架地柜尺寸

单位：mm

项目	尺寸
深度	560(不含门板)
高度	700(不含踢脚)
宽度	300
	360等

开架地柜

8.1.17 水槽地柜尺寸

单位：mm

项目	尺寸
深度	560(不含门板)
高度	700(不含踢脚)
宽度	600等

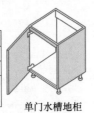

单门水槽地柜

单位：mm

项目	尺寸
深度	560(不含门板)
高度	700(不含踢脚)
宽度	600 720 800 900 1000 等

双门水槽地柜

单位：mm

项目	尺寸
深度	560(不含门板)
高度	700(不含踢脚)
宽度	600 720 800 900 1000等

假抽双开门水槽地柜

8.1.18 转角地柜尺寸

单位：mm

项目	尺寸
深度	560(不含门板)
高度	700(不含踢脚)
宽度	720 800 900 1000等

单门转角地柜

单位：mm

项目	尺寸
深度	560(不含门板)
高度	700(不含踢脚)
宽度	1200等

双门转角地柜

单位：mm

项目	尺寸
深度	560(不含门板)
高度	700(不含踢脚)
宽度	900等

插入式转盘转角地柜

8.1.19 转角水槽地柜尺寸

项目	尺寸
深度	560(不含门板)
高度	700(不含踢脚)
宽度	720 800 900 1000等

单位: mm

单门转角水槽地柜

项目	尺寸
深度	560(不含门板)
高度	700(不含踢脚)
宽度	1200等

单位: mm

双门转角水槽地柜

8.1.20 单门门板连框架尺寸

单位: mm

项目	尺寸
深度	80(不含门板)
高度	700(不含踢脚)
宽度	300 360 400 450 500 600等

单门门板连框架地柜

8.1.21 吊柜尺寸

单位: mm

项目	尺寸
深度	330(不含门板)
高度	350, 525
宽度	600 720 800 900等

单上翻门吊柜

单位: mm

项目	尺寸
深度	330(不含门板)
高度	525
宽度	600 720 800 900等

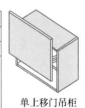

单上移门吊柜

单位: mm

项目	尺寸
深度	330(不含门板)
高度	700
宽度	600 720 800 900等

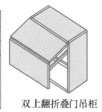

双上翻折叠门吊柜

单位: mm

项目	尺寸
深度	330(不含门板)
高度	700
宽度	300 360 400 450 500等

单门吊柜

单位：mm

项目	尺寸
深度	330(不含门板)
高度	700
宽度	600
	720
	800
	900
	1000等

双门吊柜

单位：mm

项目	尺寸
深度	350
高度	700
宽度	300等

开架吊柜

单位：mm

项目	尺寸
深度	330(不含门板)
高度	700
宽度	600等

单门转角吊柜

8.1.22　电器吊柜尺寸

微波炉底板加深至380mm

单位：mm

项目	尺寸
深度	330(不含门板)
高度	875
宽度	600等

微波炉吊柜

单位：mm

项目	尺寸
深度	80(不含门板)
高度	300
宽度	760等

中式烟机吊柜

运用在冰箱上方

单位：mm

项目	尺寸
深度	560(不含门板)
高度	350
宽度	720等

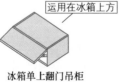

冰箱单上翻门吊柜

8.1.23　电器半高柜尺寸

单位：mm

项目	尺寸
深度	560(不含门板)
高度	1400(不含踢脚)
宽度	600等

单抽双电器半高柜

单位：mm

项目	尺寸
深度	560(不含门板)
高度	1400(不含踢脚)
宽度	600等

二大一小抽屉电器半高柜

8.1.24 半高柜尺寸

单位：mm

项目	尺寸
深度	560(不含门板)
高度	1400(不含踢脚)
宽度	600
	720
	800
	900
	1000等

双门半高柜

单位：mm

项目	尺寸
深度	560(不含门板)
高度	1400(不含踢脚)
宽度	400
	450
	500
	600等

单门半高柜

8.1.25 电器高柜尺寸

单位：mm

项目	尺寸
深度	560(不含门板)
高度	2100(不含踢脚)
宽度	600等

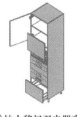

单抽上移门双电器高柜

单位：mm

项目	尺寸
深度	560(不含门板)
高度	2100(不含踢脚)
宽度	600等

单门电器高柜

8.1.26 高柜尺寸

单位：mm

项目	尺寸
深度	560(不含门板)
高度	2100(不含踢脚)
宽度	600
	720
	800
	900
	1000等

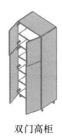

双门高柜

单位：mm

项目	尺寸
深度	560(不含门板)
高度	2100(不含踢脚)
宽度	400
	450
	500
	600等

二小一大抽单门高柜

8.1.27 鞋柜尺寸

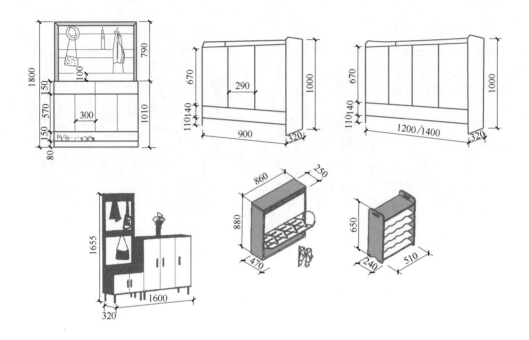

8.1.28 悬挂电视柜尺寸

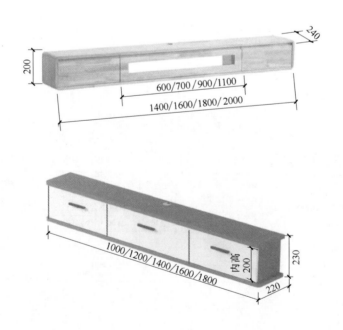

8.1.29 落地电视柜尺寸

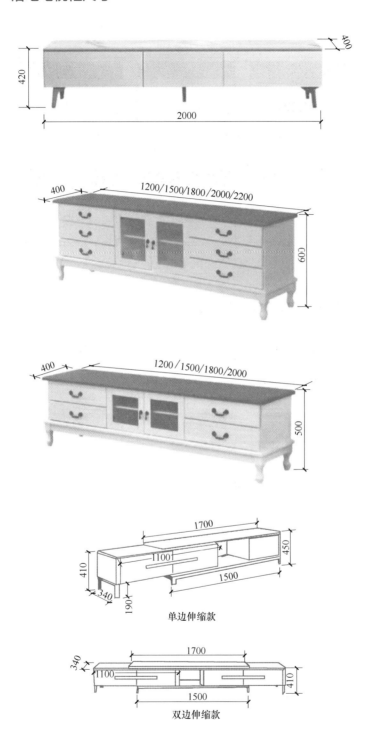

单边伸缩款

双边伸缩款

8.1.30 投影幕布尺寸

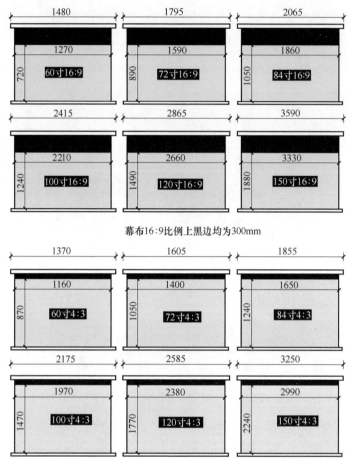

幕布16:9比例上黑边均为300mm

幕布4:3比例上黑边均为50mm

8.1.31 路由器收纳盒与置物架尺寸

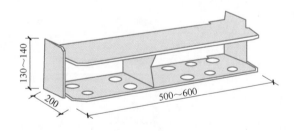

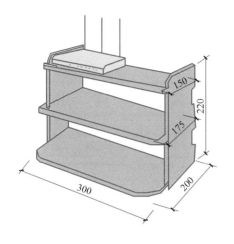

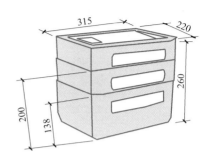

8.1.32 常见橱柜尺寸

吸油烟机的安装高度如下。

平板机——油烟机底部距灶面高度 650 ～ 700mm。

侧吸机——油烟机油杯底部距灶面高度 380 ～ 420mm。

跨界机型——油烟机下边缘距灶面高度 400 ～ 500mm。

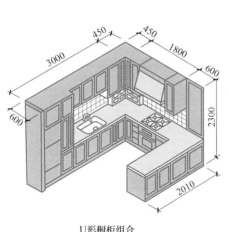

U形橱柜组合

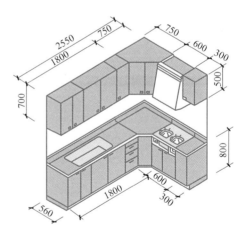

转角式橱柜组合

8.1.33 竹百叶窗帘尺寸

竹百叶窗帘，就是以竹质叶片为主件，配以滑轮轨道、封板、拉绳等辅件，组合成具有遮光、装饰功能的百叶窗帘

竹百叶窗帘规格尺寸与偏差
单位：mm

项目		规格尺寸	允许偏差
翘曲度	宽度方向	—	≤0.3
	长度方向	—	≤0.5
片长		600～1200	公称片长与平均片长差绝对值≤1
片宽		25～50	公称片宽与平均片宽差绝对值≤0.2
片厚		2～3	公称片厚与平均片厚差绝对值≤0.2
垂长		明示尺寸	公称垂长与平均垂长差绝对值≤5
片距		20～45	公称片距与平均片距差绝对值≤0.5
孔边距		150～190	公称孔边距与平均孔边距差绝对值≤2

说明：经供需双方商定规格，异型竹百叶窗不测翘曲度。

8.1.34 微波炉、电磁炉置物架尺寸

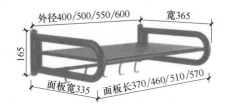

8.1.35 旗形合页尺寸

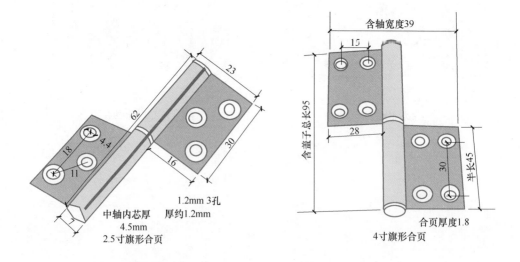

8.1.36 子母合页的规格尺寸

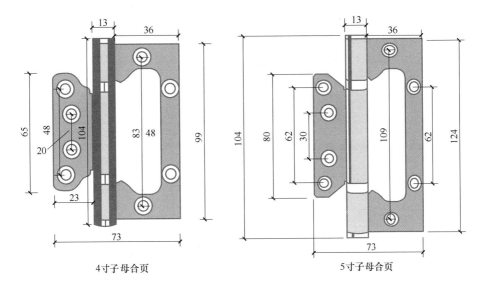

4寸子母合页　　　　　　　　　　5寸子母合页

单位：mm

规格	轴长	轴粗	母页长	母页宽	子页长	子页宽	厚度
4×3×2.0	105	11.8	99	37	66	25	2.0
4×3×2.5	105	12.5	99	37	66	25	2.5
5×3×2.5	129	12.5	125	38	80	23	2.5
5×3×3.0	130	12.7	125	38	80	23	3.0

8.1.37 弹子插芯锁锁舌伸出长度

单位：mm

双舌		双舌（钢门）	单舌
斜舌	≥ 11	9	12
方、钩舌	≥ 12.5		

8.1.38 叶片插芯锁锁舌伸出长度

单位：mm

类型	一挡开启	二挡开启	
方舌	≥ 12	第一挡　 ≥ 8	
		第二挡　 ≥ 16	
斜舌	≥ 10		

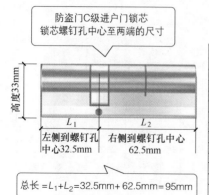

防盗门C级进户门锁芯
锁芯螺钉孔中心至两端的尺寸

高度33mm

L_1 左侧到螺钉孔中心32.5mm

L_2 右侧到螺钉孔中心62.5mm

总长 $=L_1+L_2=32.5mm+62.5mm=95mm$

单位：mm

总长	L_1+L_2					
65	32.5+32.5=65					
70	32.5+37.5=70	35+35=70				
75	32.5+42.5=75	37.5+37.5=75				
80	32.5+47.5=80	40+40=80				
85	32.5+52.5=85	37.5+47.5=85				
90	32.5+57.5=90	37.5+52.5=90	40+50=90	42.5+47.5=90	45+45=90	
95	32.5+62.5=95	37.5+57.5=95	42.5+52.5=95	47.5+47.5=95		
100	32.5+67.5=100	37.5+62.5=100	42.5+57.5=100	50+50=100		
105	32.5+72.5=105	37.5+67.5=105	42.5+62.5=105	52.5+52.5=105		
110	32.5+77.5=110	37.5+72.5=110	40+70=110	42.5+67.5=110	50+60=110	55+55=110
115	32.5+82.5=115	37.5+77.5=115	42.5+72.5=115			
120	32.5+87.5=120	37.5+82.5=120	42.5+77.5=120	60+60=120		
130	37.5+92.5=130	65+65=130				

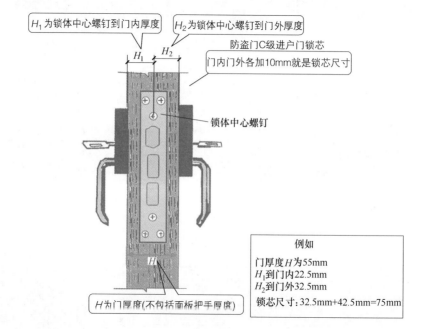

H_1 为锁体中心螺钉到门内厚度 H_2 为锁体中心螺钉到门外厚度

防盗门C级进户门锁芯

门内门外各加10mm就是锁芯尺寸

锁体中心螺钉

H 为门厚度(不包括面板护手厚度)

例如

门厚度 H 为55mm
H_1 到门内22.5mm
H_2 到门外32.5mm

锁芯尺寸：32.5mm+42.5mm=75mm

防盗门双面开AB锁锁芯

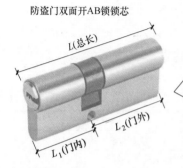

L(总长)

L_2(门外)

L_1(门内)

总长	L_1+L_2			
65	32.5+32.5			
70	32.5+37.5	35+35		
75	32.5+42.5	37.5+37.5		
80	32.5+47.5	37.5+42.5	40+40	
85	32.5+52.5	37.5+47.5	42.5+42.5	
90	32.5+57.5	37.5+57.5	40+50	45+45
95	32.5+57.5	37.5+57.5	47.5+47.5	
100	32.5+67.5	37.5+62.5	50+50	
105	32.5+72.5	37.5+67.5	52.5+52.5	
110	32.5+77.5	37.5+72.5	42.5+67.5	55+55

8.1.40　铝合金型材门、窗用主型材基材壁厚

铝合金门窗洞口宽、高标志尺寸（或者构造尺寸），按照实际应用的门窗洞口装饰面层厚度、附框和安装缝隙尺寸确定。

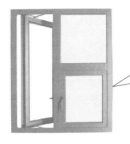

铝合金型材门、窗用主型材基材壁厚需要符合的规定：
外门不应小于2.2mm,内门不应小于2.0mm。
外窗不应小于1.8mm,内窗不应小于1.4mm

8.1.41　整体衣柜板材类型的尺寸

单位：mm

类型	厚度
环保颗粒板	18、20、25 等
环保 E1 级中纤板	5、9、12、18、25 等
组合板	16、28、35 等

8.2

家具、设备尺寸的确定方法

8.2.1　床长尺寸的确定方法

首先确定人体尺寸百分位数或者人身高,然后加功能修正量,再加心理修正量,然后取市场上有的规格,即:床长≈人体尺寸百分位数或者人身高+功能修正量+心理修正量

例如:人体尺寸高百分位(99%)1814mm,功能修正量取38mm,
心理修正量取150mm,则:床长≈1814mm+38mm+150mm=2002mm≈2000mm

8.2.2　门高尺寸的确定方法

首先确定人体身高尺寸百分位数或者人身高，然后加功能修正量，再加心理修正量，然后取市场上有的规格，即：门高≈人体身高尺寸百分位数或者人身高+功能修正量+心理修正量

例如：
人体身高高百分位(99%)取1814mm，功能修正量取38mm，心理修正量取150mm，则：门高 ≈1814mm+38mm+150mm=2002mm≈2000mm

8.2.3　屏风高尺寸的确定方法

首先确定立姿眼高百分位数，然后加功能修正量，再加心理修正量，然后取市场上有的规格，即：屏风高 ≈立姿眼高百分位数+功能修正量+心理修正量

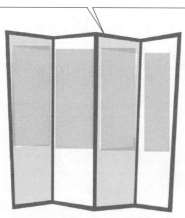

例如：
立姿眼高高百分位数(99%)取1705mm，功能修正量取36mm，心理修正量取100mm，则：屏风高尺寸 ≈1705mm+36mm+100mm=1841mm≈1840mm

8.2.4　展览品高尺寸的确定方法

首先确定立姿眼高低百分位数，然后加功能修正量，即：
展览品高≈人体立姿眼高低百分位数+功能修正量

例如：
立姿眼高低百分位(10%)取1495mm，功能修正量取–36mm，则：
展览品高尺寸≈1495mm–36mm=1459mm≈1460mm

8.2.5　厨房案台高度的确定方法

商店柜台、相关工作台等的高度，可以参考厨房案台高度的确定方法。

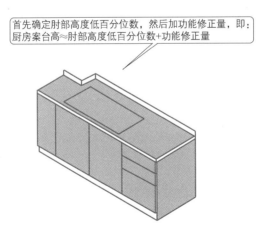

首先确定肘部高度低百分位数，然后加功能修正量，即：
厨房案台高≈肘部高度低百分位数+功能修正量

例如：
肘部高度低百分位数(10%)取954mm，功能修正量取–8mm，则：
厨房案台高尺寸≈954mm –8mm=946mm≈950mm

8.2.6　床长、床高与床宽的确定方法

单人床宽度不小于 800mm，双人床宽度不小于 1200mm。床高一般与椅座高度一致，使床同时具有坐卧功能。另外还要考虑人穿衣、穿鞋等动作。

双层床底床铺离地面高不大于 420mm，层间净高不小于 950mm。

为防止掉下，上层铺须安装安全栏板，长度不短于床长的 1/2，高度不低于 120mm。

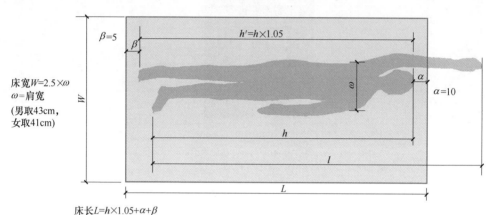

床长$L=h\times1.05+\alpha+\beta$
式中，h 为身高，cm；α 为头顶保留空间，10cm；β 为脚底保留空间，5cm；床高 $H=40\sim60$cm

8.2.7　家具尺寸模数参考数据的确定方法

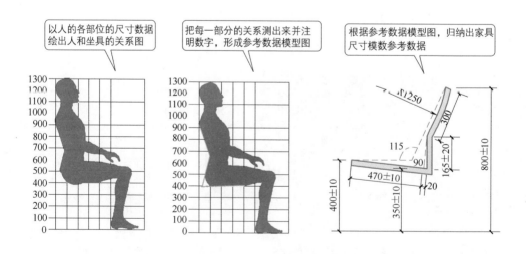

以人的各部位的尺寸数据绘出人和坐具的关系图

把每一部分的关系测出来并注明数字，形成参考数据模型图

根据参考数据模型图，归纳出家具尺寸模数参考数据

8.3

办公家具、设备

8.3.1 办公椅主要尺寸

单位：mm

名称	符号	主要尺寸
升降行程	L_2	$\geqslant 60$
扶手内宽	B_2	$\geqslant 440$
扶手高	H_2	$160 \sim 250$
实测值与设计尺寸的偏差	Δ	尺寸偏差为 ± 5
座高	H_1	$\geqslant 380$
座深	T_1	$340 \sim 540$
座宽	B_1	$\geqslant 360$
背高	L_1	$\geqslant 275$

Ⅰ型办公椅
椅座和椅背角度均可调节的办公椅

Ⅱ型办公椅
只有椅背角度可调节的办公椅

Ⅲ型办公椅
椅背、座面、扶手相对位置、角度均不可调节的办公椅

8.3.2 办公电脑桌主要尺寸

单位：mm

项目				要求	极限偏差
桌面	宽度			$\geqslant 600$	± 5
	深度			$\geqslant 400$	
	高度	高度可调	最小调整范围	$680 \sim 760$	
			每级调整范围[1]	$\leqslant 32$	
		高度固定	高度等级	680, 700, 720, 740, 760	
桌下净空[2]	最低搁板下净空高度			$\geqslant 100$	
	中间净空高度			$\geqslant 580$	
	中间净空宽度			$\geqslant 520$	
	中间净空深度	顶部		顶部净空深度 $+L$[3] $\geqslant 400$	
		底部		底部净空深度 $+L$[3] $\geqslant 550$	

[1] 仅适用于高度调节采用固定分级。

[2] 桌下净空指操作人员腿脚安放空间。

[3] L 为键盘托可拉出最大距离。

8.3.3　办公电脑桌形状与位置公差

单位：mm

项目	试件名称	允许值
下垂度	键盘托	≤ 10
摆动度		≤ 10

8.3.4　办公屏风桌的类型依据

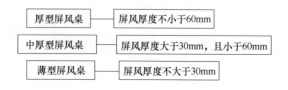

8.3.5　办公屏风桌主要尺寸

单位：mm

项目		要求
坐姿型屏风桌	工作台面高	680 ～ 760
	中间净空高	≥ 580
	中间净空宽	≥ 520
	工作台与椅（凳）配套产品的高差	250 ～ 320
站姿型屏风桌	工作台面高	1050 ～ 1200

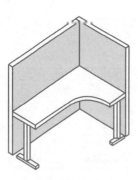

有支撑腿(脚)的屏风桌

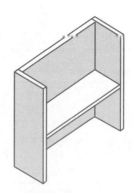

无支撑腿(脚)的屏风桌

8.3.6　办公屏风桌形状与位置公差

单位：mm

项目			要求
偏差	门与框架、门与门相邻表面、抽屉与框架、抽屉与门、抽屉与抽屉相邻两表面间的距离偏差（非设计要求的距离）		≤ 2.0
分缝	桌面与屏风间的缝隙		≤ 3.0
	其他分缝（非设计要求时）		≤ 2.0
底脚平稳性			≤ 2.0
翘曲度	屏风板、台面板、正视面板件对角线长度	≥ 1400	≤ 3.0
		(700，1400)	≤ 2.0
		≤ 700	≤ 1.0
平整度	台面板		≤ 0.2
邻边垂直度	面板、框架	对角线长度 ≥ 1000	长度差≤ 3
		对角线长度 < 1000	长度差≤ 2
		对边长度 ≥ 1000	对边长度差≤ 3
		对边长度 < 1000	对边长度差≤ 2

8.3.7　办公椅子用脚轮尺寸要求

单位：mm

名称	符号	适用脚轮类型	尺寸范围
轮径	D	所有类型脚轮	≥ 48
偏心距	O	所有类型脚轮	≥ 18
轮宽	b	单轮脚轮	≥ 18
		双联轮脚轮	≥ 2×7
轮间距	e	双联轮脚轮	15 ～ 22
插杆直径	P	所有类型脚轮	≥ 10　或者 M10
外角倒圆半径	r_1	所有 H 型脚轮	≥ 6
		所有 W 型脚轮	≥ 1.5
内角倒圆半径	r_2	双联轮脚轮	≥ 1.5

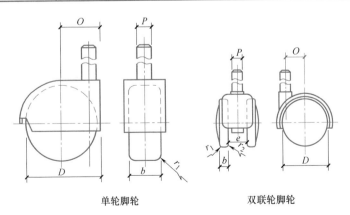

单轮脚轮　　　　　　双联轮脚轮

8.3.8 体育场馆公共座椅尺寸

单位: mm

名称	代号	主要尺寸	名称	代号	主要尺寸
座高	H_1	400～440	扶手内宽	B_2	≥460
座深	T_1	340～450	扶手高	H_2	160～250
座宽	B_1	≥380	实测值与图标值的允许偏差	Δ	±5
背长	L_2	≥120			

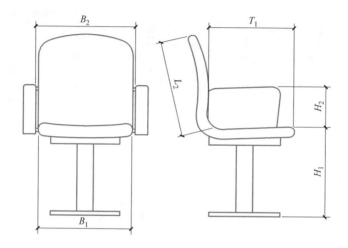

注: 1. 不规则形状座面的座面深和座宽均指最小值, 圆形指其直径; 座高指座面几何中心的离地高度。
   2. 无扶手的椅子, 不测量扶手内宽和扶手高。

8.3.9 影剧院公共座椅尺寸

名称	代号	主要尺寸	名称	代号	主要尺寸
座高	H_1	400～450mm	扶手中距	B_3	≥520mm
座深	T_1	400～500mm	扶手距地面高度	H_3	550～650mm
座宽	B_2	≥400mm	背距地面高度	L_3	≥750mm
扶手内宽	B_1	≥440mm	座斜角	α	4°～10°
背斜角	β	100°～110°	实测值与设计尺寸的偏差	Δ	尺寸偏差为±5mm, 角度偏差为±1°

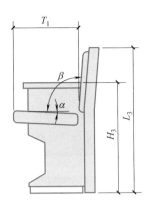

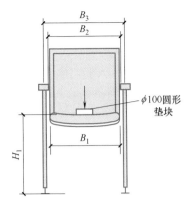

$\phi100$圆形
垫块

8.4

选择与应用

8.4.1　圆桌的选择

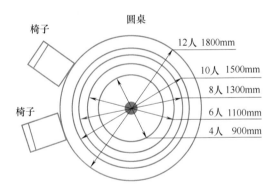

圆桌

椅子

12人　1800mm

10人　1500mm

8人　1300mm

6人　1100mm

椅子

4人　900mm

8.4.2　椭圆桌的选择

椭圆形餐桌:6人

2400×1000

8.4.3 方桌的选择

供 3 ～ 4 人进餐的餐厅，其开间的净尺寸不宜小于 2700mm，使用面积不要小于 10m²。供 6 ～ 8 人使用的餐厅，其开间的净尺寸最好不要小于 3000mm，面积取在大约 12m² 较为合适。

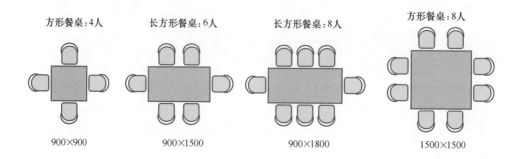

方形餐桌：4人   长方形餐桌：6人   长方形餐桌：8人   方形餐桌：8人

900×900   900×1500   900×1800   1500×1500

8.4.4 床宽的选择

人处于将要入睡的状态时床宽需要约 50cm，由于熟睡后需要频繁翻身，不论是软床还是硬床，翻身所需要的幅宽为肩宽的2.5～3倍

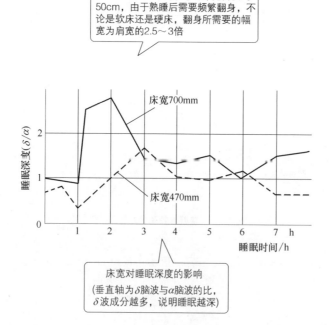

床宽对睡眠深度的影响
（垂直轴为δ脑波与α脑波的比，δ波成分越多，说明睡眠越深）

8.4.5　电视与电视柜长度的配合选择

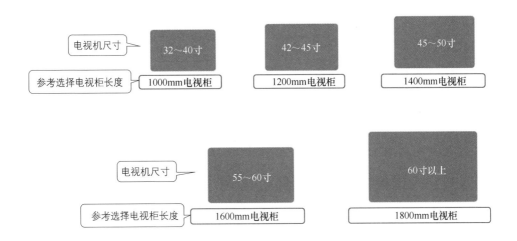

8.4.6　投影观看距离与投影幕布尺寸的配合选择

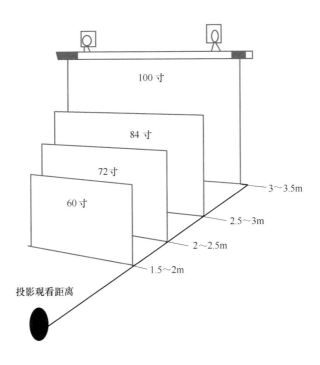

8.4.7　门高度与合页数量的选择

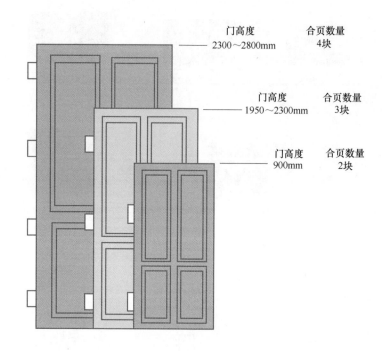

门高度　　　　　合页数量
2300～2800mm　　4块

门高度　　　　　合页数量
1950～2300mm　　3块

门高度　　　　　合页数量
900mm　　　　　2块

8.4.8　不锈钢合页的承重

不锈钢合页承重表		
合页厚度 H/mm	合页高度 B/mm	承重 /kg
2	101.6	30
2.5	101.6	35
	127	40
3	101.6	45
	127	50~60
3.5	101.6	60
	127	70~80
4	101.6	90
	127	100~120

注：以一扇门安装三只合页为准。

8.4.9　旗形合页的装配

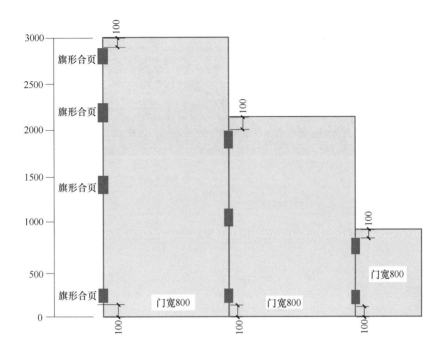

第9章

检验实测实量
把握达标要求

9.1

室内装饰基层工程

9.1.1 墙面基层工程的允许偏差与检验法

单位：mm

墙面基层工程项目	允许偏差	检验法
立面垂直度	4	用2m垂直检测尺检查
表面平整度	4	用2m靠尺和塞尺检查
阴阳角方正	4	用直角检测尺检查

9.1.2 地面基层工程的允许偏差与检验法

单位：mm

地面基层工程项目	允许偏差	检验法
平整度	≤4	用2m靠尺与塞尺来检查

9.1.3 基层净距、基层净高的检验

单位：mm

基层净距、基层净高项目	允许偏差	检验法
住宅室内自然间墙面间的净距	≤ 15	用钢直尺或激光测距仪来检查
房间对角线基层净距差	≤ 20	用钢直尺或激光测距仪来检查
住宅室内自然间的基层净高	≤ 15	用水准仪、激光测距仪或拉线、钢直尺来检查
住宅室内同一平面的相邻基层净高	≤ 15	用水准仪、激光测距仪或拉线、钢直尺来检查

9.2
隔墙工程

9.2.1 板材隔墙安装的允许偏差和检验法

单位：mm

项目	允许偏差				检验法
	复合轻质墙板		石膏空心板	增强水泥板、混凝土轻质板	
	金属夹芯板	其他复合板			
阴阳角方正	3	3	3	4	用 200mm 直角检测尺检查
接缝高低差	1	2	2	3	用钢直尺和塞尺检查
立面垂直度	2	3	3	3	用 2m 垂直检测尺检查
表面平整度	2	3	3	3	用 2m 靠尺和塞尺检查

9.2.2 骨架隔墙安装的允许偏差和检验法

单位：mm

项目	允许偏差		检验法
	纸面石膏板	人造木板、水泥纤维板	
接缝直线度	—	3	拉 5m 线，不足 5m 拉通线，用钢直尺检查
压条直线度	—	3	拉 5m 线，不足 5m 拉通线，用钢直尺检查
接缝高低差	1	1	用钢直尺和塞尺检查
立面垂直度	3	4	用 2m 垂直检测尺检查
表面平整度	3	3	用 2m 靠尺和塞尺检查
阴阳角方正	3	3	用 200mm 直角检测尺检查

9.2.3 活动隔墙安装的允许偏差和检验法

单位: mm

项目	允许偏差	检验法
接缝高低差	2	用钢直尺和塞尺检查
接缝宽度	2	用钢直尺检查
立面垂直度	3	用 2m 垂直检测尺检查
表面平整度	2	用 2m 靠尺和塞尺检查
接缝直线度	3	拉 5m 线，不足 5m 拉通线，用钢直尺检查

9.2.4 玻璃隔墙安装的允许偏差和检验法

单位: mm

项目	允许偏差		检验法
	玻璃板	玻璃砖	
接缝直线度	2	—	拉 5m 线，不足 5m 拉通线，用钢直尺检查
接缝高低差	2	3	用钢直尺和塞尺检查
接缝宽度	1	—	用钢直尺检查
立面垂直度	2	3	用 2m 垂直检测尺检查
表面平整度	—	3	用 2m 靠尺和塞尺检查
阴阳角方正	2	—	用 200mm 直角检测尺检查

9.3
顶面工程

9.3.1 顶面表面平整度的允许偏差

单位: mm

项目	现浇混凝土顶板	整体面层	水性涂料涂饰					一般抹灰		板块面层		
			薄涂料		厚涂料		复层涂料	普通抹灰	高级抹灰	石膏板	金属板	木板、塑料板、玻璃板、复合板
			普通涂饰	高级涂饰	普通涂饰	高级涂饰						
允许偏差	8	3	3	2	4	3	5	4	3	3	2	3

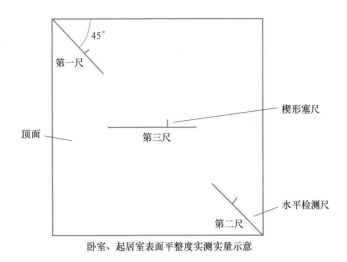

卧室、起居室表面平整度实测实量示意

9.3.2 顶面接缝直线度的允许偏差

单位：mm

项目	木板、塑料板、琉璃板、复合板	石膏板	金属板
允许偏差	3	3	2

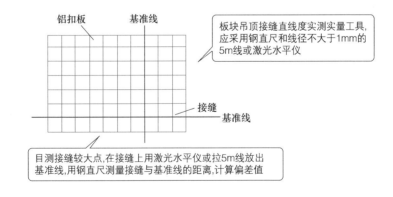

9.3.3 顶面接缝高低差的允许偏差

单位：mm

项目	石膏板	金属板	木板、塑料板、琉璃板、复合板
允许偏差		1	

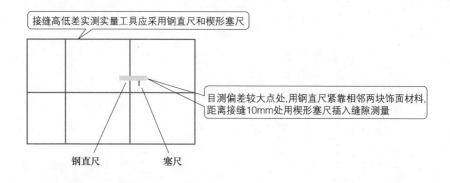

接缝高低差实测实量工具应采用钢直尺和楔形塞尺

目测偏差较大点处,用钢直尺紧靠相邻两块饰面材料,距离接缝10mm处用楔形塞尺插入缝隙测量

钢直尺　　　塞尺

9.3.4　暗龙骨吊顶工程安装的允许偏差和检验法

单位:mm

项目	允许偏差				检验法
	纸面石膏板	金属板	矿棉板	木板、塑料板、搁栅	
水平度	5.0	4.0	5.0	3.0	在室内四角尺量检查
表面平整度	3.0	2.0	2.0	2.0	用 2m 靠尺和塞尺检查
接缝直线度	3.0	1.5	3.0	3.0	拉 5m 线,不足 5m 拉通线
接缝高低差	1.0	1.0	1.5	1.0	用钢直尺和塞尺检查

9.3.5　明龙骨吊顶工程安装的允许偏差和检验法

单位:mm

项目	允许偏差				检验法
	纸面石膏板	金属板	矿棉板	塑料板、玻璃板	
水平度	5	4	5	3	在室内四角用尺量检查
表面平整度	3	2	3	2	用 2m 靠尺和塞尺检查
接缝直线度	3	2	3	3	拉 5m 线,不足 5m 拉通线,用钢直尺检查
接缝高低差	1	1	2	1	用钢直尺和塞尺检查

9.3.6　整体面层吊顶工程安装的允许偏差和检验法

单位:mm

项目	允许偏差	检验法
缝格、凹槽直线度	3	拉 5m 线,不足 5m 拉通线,用钢直尺检查
表面平整度	3	用 2m 靠尺和塞尺检查

9.3.7　板块面层吊顶工程安装的允许偏差和检验法

单位：mm

项目	允许偏差				检验法
	石膏板	金属板	矿棉板	木板、塑料板、玻璃板、复合板	
接缝高低差	1	1	2	1	用钢直尺和塞尺检查
表面平整度	3	2	3	2	用2m靠尺和塞尺检查
接缝直线度	3	2	3	3	拉5m线，不足5m拉通线，用钢直尺检查

9.3.8　格栅吊顶工程安装的允许偏差和检验法

单位：mm

项目	允许偏差		检验法
	金属搁栅	木搁栅、塑料搁栅、复合材料搁栅	
格栅直线度	2	3	拉5m线，不足5m拉通线，用钢直尺检查
表面平整度	2	3	用2m靠尺和塞尺检查

9.4
楼地面工程

9.4.1　楼地面平整度的允许偏差

单位：mm

项目		允许偏差
现浇混凝土地面		8
整体面层	水泥砂浆面层	4
	自流平面层	2
	水泥混凝土面层	5
防水工程	基层	4
	保护层	5
板块面层	瓷砖	2
	石材	1
木、竹面层	实木地板：松木地板	1
	实木地板：硬木地板	2
	实木复合地板	2

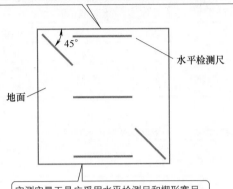

卧室、起居室相同材料、工艺和施工条件的地面中间和边部固定实测点不宜少于2个点；长边方向两侧踢脚线处距离墙面100mm范围内固定实测点不宜少于2个点；厨房、卫生间地面四个角部区域固定实测点不少于2个点

45°

水平检测尺

地面

实测实量工具应采用水平检测尺和楔形塞尺；地面接近四个角部区域实测点应斜向布点，中间应在地面长边方向的中间部位布点

9.4.2 楼地面缝格平直度的允许偏差

单位：mm

项目		允许偏差
板块面层	瓷砖	2
	石材	2
木、竹面层：实木地板	松木地板	3
	硬木地板、竹地板	3
	拼花地板	3
实木复合地板		3

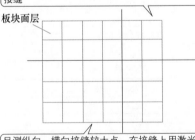

缝格平直实测实量工具应采用钢直尺和线径不大于1mm的6m线或激光水平仪。相同材料、工艺和施工条件的地面目测实测点不宜少于2个点，并应同时包含纵向和横向接缝

板块面层

目测纵向、横向接缝较大点，在接缝上用激光水平仪或拉5m线放出基准线，用钢直尺测量接缝与基准线的距离，计算偏差值

9.4.3　楼地面接缝高低差的允许偏差

单位：mm

项目		允许偏差
板块面层	瓷砖	2
	石材	2
木、竹面层实木地板	松木地板	3
	硬木地板、竹地板	3
	拼花地板	3
实木复合地板		3

9.4.4　楼地面踢脚线上口平直的允许偏差

单位：mm

木、竹面层				整体面层		板块面层	
实木地板、实木集成地板、竹地板			实木复合地板浸渍纸层压质木地板	水泥砂浆面层	水泥混凝土面层	瓷砖	石材
松木地板	硬木地板、竹地板	拼花地板					
3	3	3	3	4	4	3	1

9.4.5　楼地面板块缝隙宽度的允许偏差

单位：mm

木、竹面层				板块面层	
实木地板、实木集成地板、竹地板			实木复合地板、浸渍纸层压木质地板	瓷砖	石材
松木地板	硬木地板、竹地板	拼花地板			
1	0.5	0.2	0.5	2	1

9.4.6　楼地面踢脚线与木、竹地面层接缝的允许偏差

单位：mm

项目		允许偏差
实木地板	松木地板	1
	硬木地板	1
实木复合地板		1

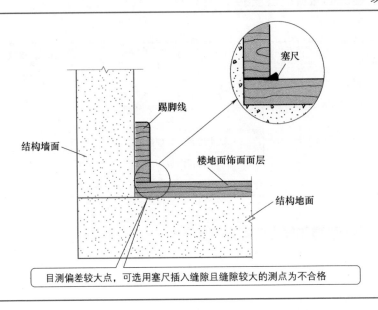

目测偏差较大点，可选用塞尺插入缝隙且缝隙较大的测点为不合格

9.4.7　楼地面房间方正度的允许偏差

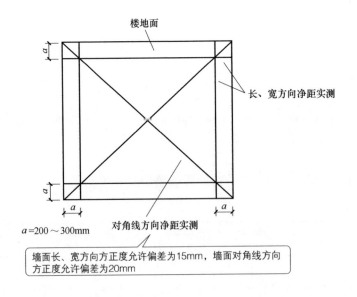

$a=200\sim300mm$

墙面长、宽方向方正度允许偏差为15mm，墙面对角线方向
方正度允许偏差为20mm

9.4.8　块材地板地面工程的允许偏差和检验法

单位：mm

项目	允许偏差			检验法
	石材块材	陶瓷块材	塑料块材	
板块间接缝高低差	2	2	1	钢直尺和塞尺检查
与踢脚缝隙	1	1	1	观察，塞尺检查
排水坡度	4	4	4	水平尺、塞尺检查
表面平整度	2	2	2	2m 靠尺、塞尺检查
接缝直线度	2	3	1	钢直尺或者拉 5m 线，不足 5m 拉通线，钢直尺检查
接缝宽度	2	2	1	钢直尺检查

9.4.9　水泥砂浆面层地面工程的允许偏差和检验法

单位：mm

项目	允许偏差	检验法
表面平整度	4	用 2m 靠尺和楔形塞尺检查
踢脚线上口平直	4	拉 5m 线和用钢直尺检查
缝格平直	3	

9.5

墙面工程

9.5.1　墙面立面垂直度的允许偏差

单位：mm

墙面立面垂直度子分部工程	分项工程	允许偏差
裱糊与软包	裱糊 / 软包	3.0
混凝土结构	现浇结构（层高≤ 6m）	10.0
	装配式结构（层高≤ 6m）	5.0
抹灰	普通抹灰	4.0
	高级抹灰	3.0
砌体结构	砖砌体 / 混凝土小型空心砌块	5.0
	填充墙砌体（层高≤ 3m）	5.0
轻质隔墙	纸面石膏板	3.0

墙面立面垂直度子分部工程	分项工程	允许偏差
轻质隔墙	人造木板、水泥纤维板	4.0
饰面板	光面石材	2.0
	玻璃板	1.0
	木板	1.5
	内墙砖	2.0
涂饰	水性涂料	3.0

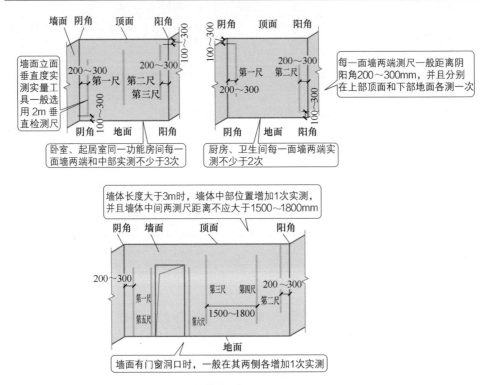

卧室、起居室同一功能房间每一面墙两端和中部实测不少于3次

厨房、卫生间每一面墙两端实测不少于2次

每一面墙两端测尺一般距离阴阳角200～300mm，并且分别在上部顶面和下部地面各测一次

墙面立面垂直度实测实量工具一般选用2m垂直检测尺

墙体长度大于3m时，墙体中部位置增加1次实测，并且墙体中间两测尺距离不应大于1500～1800mm

墙面有门窗洞口时，一般在其两侧各增加1次实测

9.5.2 墙面表面平整度的允许偏差

单位：mm

墙面立面平整度子分部工程	分项工程	允许偏差
混凝土结构	现浇结构	8
	装配式结构（墙板外露）	5
砌体结构	砖砌体／混凝土小型空心砌块——清水墙	5
	砖砌体／混凝土小型空心砌块——混水墙	8
	填充墙砌体（层高≤3m）	8

墙面立面平整度子分部工程	分项工程	允许偏差
抹灰	普通抹灰	4
	高级抹灰	3
轻质隔墙	纸面石膏板	3
	人造木板、水泥纤维板	3
饰面板	光面石材	2
	玻璃板	1
	木板	1
饰面砖	内墙砖	3
裱糊与软包	裱糊 / 软包	3
水性涂料（薄涂料）	普通涂饰	3
	高级涂饰	2

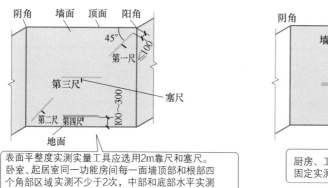

表面平整度实测实量工具应选用2m靠尺和塞尺。
卧室、起居室同一功能房间每一面墙顶部和根部四
个角部区域实测不少于2次，中部和底部水平实测
不少于2次

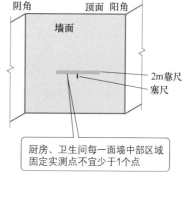

厨房、卫生间每一面墙中部区域
固定实测点不宜少于1个点

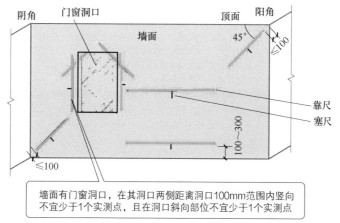

墙面有门窗洞口，在其洞口两侧距离洞口100mm范围内竖向
不宜少于1个实测点，且在洞口斜向部位不宜少于1个实测点

9.5.3 墙面阴阳角方正的允许偏差

单位：mm

项目		允许偏差
一般抹灰	普通抹灰	4
	高级抹灰	3
纸面石膏板		3
人造木板、水泥纤维板		3
金属夹芯复合轻质墙板		3
增强水泥板		4
光面石板		2
玻璃板		2
木板		2
内墙砖		3
裱糊		3
普通涂饰		3
高级涂饰		2
美术涂饰		4

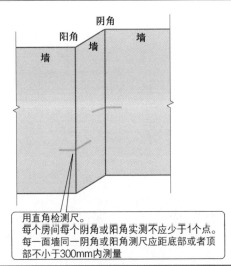

用直角检测尺。
每个房间每个阴角或阳角实测不应少于1个点。
每一面墙同一阴角或阳角测尺应距底部或者顶部不小于300mm内测量

9.5.4 墙面接缝高低差的允许偏差

单位：mm

项目	允许偏差
纸面石膏板	1
人造木板、水泥纤维板	1
金属夹芯复合轻质墙板	1

项目	允许偏差
增强水泥板	3
光面石板	1
玻璃板	2
玻璃砖	3
木板	1
内墙砖	1
裱糊与软包裁口、线条	1

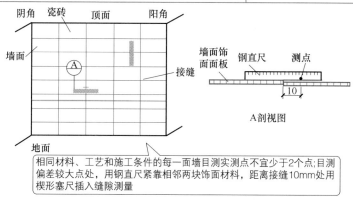

A剖视图

相同材料、工艺和施工条件的每一面墙目测实测点不宜少于2个点;目测偏差较大点处,用钢直尺紧靠相邻两块饰面材料,距离接缝10mm处用楔形塞尺插入缝隙测量

9.5.5　墙面接缝宽度的允许偏差

单位: mm

项目	允许偏差
光面石板	1
玻璃板	1
木板	1
内墙砖	1

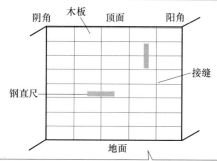

相同材料、工艺和施工条件的每一面墙目测实测点不少于2个点。目测偏差较大点,用钢直尺测量接缝宽度,与设计值比较,得出偏差值

9.5.6　墙面接缝直线度的允许偏差

单位：mm

项目		允许偏差
一般抹灰	普通抹灰分隔条（缝）	4
	高级抹灰分隔条（缝）	3
人造木板、水泥纤维板		3
光面石板		2
玻璃板		2
木板		2
内墙砖		2

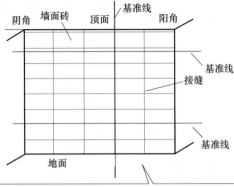

接缝直线度实测实量应采用钢直尺和线径不大于1mm的5m线或激光水平仪。相同材料、工艺和施工条件的每一面墙目测实测点不宜少于2点，应同时包含纵向和横向接缝；目测纵向、横向接缝较大点，在接缝上用激光水平仪或拉5m线放出基准线，用钢直尺测量接缝与基准线的距离，计算偏差值

9.5.7　玻璃板墙饰面工程安装的允许偏差和检验法

单位：mm

项目		允许偏差		检验法
		明框玻璃	隐框玻璃	
接缝直线度		2	2	拉 5m 线，不足 5m 拉通线，用钢直尺检查
接缝高低差		1	1	用钢直尺和塞尺检查
接缝宽度		—	1	用钢直尺检查
相邻板角错位		—	1	用钢直尺检查
分格框对角线长度差	对角线长度≤2m	2	—	用钢直尺检查
	对角线长度＞2m	3	—	

项目	允许偏差		检验法
	明框玻璃	隐框玻璃	
立面垂直度	1	1	用2m垂直检测尺检查
构件直线度	1	1	拉5m线，不足5m拉通线，用钢直尺检查
表面平整度	1	1	用2m靠尺和塞尺检查
阳角方正	1	1	用直角检测尺检查

9.5.8 内墙饰面砖粘贴的允许偏差和检验法

单位：mm

项目	允许偏差	检验法
接缝直线度	2	拉5m线，不足5m拉通线，用钢直尺检查
接缝高低差	1	用钢直尺和塞尺检查
接缝宽度	1	用钢直尺检查
立面垂直度	2	用2m垂直检测尺检查
表面平整度	3	用2m靠尺和塞尺检查
阴阳角方正	3	用200mm直角检测尺检查

9.5.9 墙面水性涂料涂饰工程的允许偏差和检验法

单位：mm

项目	允许偏差					检验法
	薄涂料		厚涂料		复层涂料	
	普通涂饰	高级涂饰	普通涂饰	高级涂饰		
装饰线、分色线直线度	2	1	2	1	3	拉5m线，不足5m拉通线，用钢直尺检查
墙裙、勒脚上口直线度	2	1	2	1	3	拉5m线，不足5m拉通线，用钢直尺检查
立面垂直度	3	2	4	3	5	用2m垂直检测尺检查
表面平整度	3	2	4	3	5	用2m靠尺和塞尺检查
阴阳角方正	3	2	4	3	4	用200mm直角检测尺检查

9.5.10 墙面溶剂型涂料涂饰工程的允许偏差和检验法

单位: mm

项目	允许偏差				检验法
	色漆		清漆		
	普通涂饰	高级涂饰	普通涂饰	高级涂饰	
装饰线、分色线直线度	2	1	2	1	拉 5m 线，不足 5m 拉通线，用钢直尺检查
墙裙、勒脚上口直线度	2	1	2	1	拉 5m 线，不足 5m 拉通线，用钢直尺检查
立面垂直度	4	3	3	2	用 2m 垂直检测尺检查
表面平整度	4	3	3	2	用 2m 靠尺和塞尺检查
阴阳角方正	4	3	3	2	用 200mm 直角检测尺检查

9.6
门窗工程

9.6.1 门窗框正面、侧面垂直度的允许偏差

单位: mm

项目	木门窗	铝合金门窗	塑料门窗
允许偏差	2	2	3

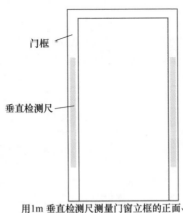

门框

垂直检测尺

用 1m 垂直检测尺测量门窗立框的正面、开口侧面垂直度

9.6.2 无下框门扇与地面间留缝的允许偏差

单位：mm

项目	木门			金属门窗 （塑钢门）
	室外门	室内门	卫生间门	
允许偏差	4～7	4～8	4～8	4～8

9.6.3 门扇与侧框留缝的允许偏差

单位：mm

项目	木门窗
允许偏差	1～3

9.6.4 平开木门窗安装的留缝限值、允许偏差与检验法

单位：mm

项目		留缝限值	允许偏差	检验法
门窗框的正、侧面垂直度		—	2	用1m垂直检测尺检查
框与扇接缝高低差		—	1	用塞尺检查
扇与扇接缝高低差			1	
门窗扇对口缝		1～4	—	用塞尺检查
门窗扇与上框间留缝		1～3	—	
门窗扇与合页侧框间留缝		1～3	—	
门扇与下框间留缝		3～5	—	用塞尺检查
窗扇与下框间留缝		1～3	—	
双层门窗内外框间距		—	4	用钢直尺检查
无下框时门扇与 地面距离	室内门	4～8	—	用钢直尺或塞尺检查
	卫生间门			
框与扇搭接宽度	门	—	2	用钢直尺检查
	窗	—	1	用钢直尺检查

9.6.5 钢门窗安装的留缝限值、允许偏差和检验法

单位: mm

项目		留缝限值	允许偏差	检验法
门窗槽口宽度、高度	≤1500mm	—	2	用钢卷尺检查
	>1500mm	—	3	
门窗槽口对角线长度差	≤2000mm	—	3	用钢卷尺检查
	>2000mm	—	4	
门窗框的正、侧面垂直度		—	3	用1m垂直检测尺检查
门窗横框的水平度		—	3	用1m水平尺和塞尺检查
门窗横框标高		—	5	用钢卷尺检查
门窗竖向偏离中心		—	4	用钢卷尺检查
双层门窗内外框间距		—	5	用钢卷尺检查
门窗框、扇配合间隙		≤2	—	用塞尺检查
平开门窗框扇搭接宽度	门	≥6	—	用钢直尺检查
	窗	≥4	—	用钢直尺检查
推拉门窗框扇搭接宽度		≥6	—	用钢直尺检查
无下框时门扇与地面间留缝		4~8	—	用塞尺检查

9.6.6 铝合金门窗安装的允许偏差和检验法

单位: mm

项目		允许偏差	检验法
双层门窗内外框间距		4	用钢卷尺检查
推拉门窗扇与框搭接宽度	门	2	用钢直尺检查
	窗	1	
门窗槽口宽度、高度	≤2000	2	用钢卷尺检查
	>2000	3	
门窗槽口对角线长度差	≤2500	4	用钢卷尺检查
	>2500	5	
门窗框的正、侧面垂直度		2	用1m垂直检测尺检查
门窗横框的水平度		2	用1m水平尺和塞尺检查
门窗横框标高		5	用钢卷尺检查
门窗竖向偏离中心		5	用钢卷尺检查

9.6.7 涂色镀锌钢板门窗安装的允许偏差和检验法

单位：mm

项目		允许偏差	检验法
门窗框的正、侧面垂直度		3	用 1m 垂直检测尺检查
门窗横框的水平度		3	用 1m 水平尺和塞尺检查
门窗横框标高		5	用钢卷尺检查
门窗竖向偏离中心		5	用钢卷尺检查
双层门窗内外框间距		4	用钢卷尺检查
推拉门窗扇与框搭接宽度		2	用钢直尺检查
门窗槽口宽度、高度	≤ 1500	2	用钢卷尺检查
	> 1500	3	
门窗槽口对角线长度差	≤ 2000	4	用钢卷尺检查
	> 2000	5	

9.6.8 塑料门窗安装的允许偏差和检验法

单位：mm

项目		允许偏差	检验法
平开门窗及上悬、下悬、中悬窗	门、窗扇与框搭接宽度	2	用深度尺或钢直尺检查
	同樘门、窗相邻扇的水平高度差	2	用靠尺和钢直尺检查
	门、窗框与扇四周的配合间隙	1	用楔形塞尺检查
推拉门窗	门、窗扇与框搭接宽度	2	用深度尺或钢直尺检查
	门、窗扇与框或相邻扇立边平行度	2	用钢直尺检查
组合门窗	平整度	3	用 2m 靠尺和钢直尺检查
	缝直线度	3	用 2m 靠尺和钢直尺检查
门、窗框外形（高、宽）尺寸长度差	≤ 1500	2	用钢卷尺检查
	> 1500	3	
门、窗框两对角线长度差	≤ 2000	3	用钢卷尺检查
	> 2000	5	
门、窗框（含拼樘料）正、侧面垂直度		3	用 1m 垂直检测尺检查
门、窗框（含拼樘料）水平度		3	用 1m 水平尺和塞尺检查
门、窗下横框的标高		5	用钢卷尺检查，与基准线比较
门、窗竖向偏离中心		5	用钢卷尺检查
双层门、窗内外框间距		4	用钢卷尺检查

9.7

装饰末端安装工程

9.7.1 并排面板安装的允许偏差

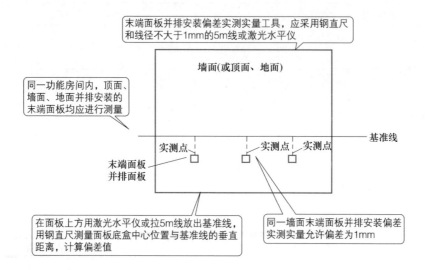

末端面板并排安装偏差实测实量工具，应采用钢直尺和线径不大于1mm的5m线或激光水平仪

同一功能房间内，顶面、墙面、地面并排安装的末端面板均应进行测量

墙面(或顶面、地面)

基准线

实测点　实测点　实测点

末端面板
并排面板

在面板上方用激光水平仪或拉5m线放出基准线，用钢直尺测量面板底盒中心位置与基准线的垂直距离，计算偏差值

同一墙面末端面板并排安装偏差实测实量允许偏差为1mm

9.7.2 并列末端面板安装的允许偏差

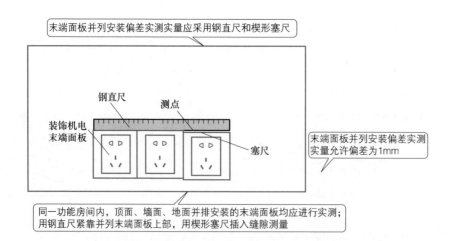

末端面板并列安装偏差实测实量应采用钢直尺和楔形塞尺

钢直尺　测点

装饰机电
末端面板

塞尺

末端面板并列安装偏差实测实量允许偏差为1mm

同一功能房间内，顶面、墙面、地面并排安装的末端面板均应进行实测；用钢直尺紧靠并列末端面板上部，用楔形塞尺插入缝隙测量

9.7.3 坐便器安装的允许偏差

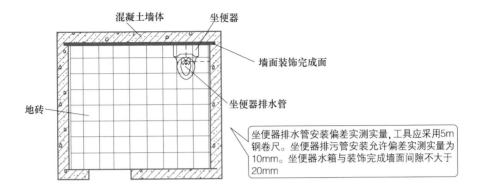

混凝土墙体　坐便器

墙面装饰完成面

地砖

坐便器排水管

坐便器排水管安装偏差实测实量,工具应采用5m钢卷尺。坐便器排污管安装允许偏差实测实量为10mm。坐便器水箱与装饰完成墙面间隙不大于20mm

9.7.4 地漏安装的允许偏差

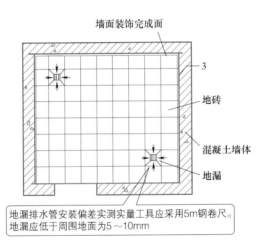

墙面装饰完成面

3

地砖

混凝土墙体

地漏

地漏排水管安装偏差实测实量工具应采用5m钢卷尺。地漏应低于周围地面为5～10mm

9.8
防水、裱糊和软包工程

9.8.1 防水工程的允许偏差和检验法（住宅室内装饰装修）

单位：mm

水泥砂浆找平层、保护层项目	允许偏差	检验法
平整度	5	用 2m 靠尺与塞尺来检查

9.8.2 裱糊工程的允许偏差和检验法

单位：mm

项目	允许偏差	检验法
阴阳角方正	3	用 200mm 直角检测尺检查
表面平整度	3	用 2m 靠尺和塞尺检查
立面垂直度	3	用 2m 垂直检测尺检查

9.8.3 软包工程安装的允许偏差和检验法

单位：mm

项目	允许偏差	检验法
单块软包宽度、高度	0，−2	从框的裁口里角用钢尺检查
分格条（缝）直线度	3	拉 5m 线，不足 5m 拉通线，用钢直尺检查
裁口线条结合处高度差	1	用直尺和塞尺检查
单块软包边框水平度	3	用 1m 水平尺和塞尺检查
单块软包边框垂直度	3	用 1m 垂直检测尺检查
单块软包对角线长度差	3	从框的裁口里角用钢尺检查

9.9

细部工程

9.9.1 细部工程垂直度的允许偏差

单位：mm

项目	储柜安装	散热器罩安装	门窗套安装	护栏和扶手安装	装饰线条及花饰安装
允许偏差	2	2	3	3	3

9.9.2 细部工程水平度的允许偏差

单位：mm

项目	窗台板安装			门窗套安装上口水平度	橱柜安装两端高低差
	窗台板水平度	窗台板两端距窗洞口长度差	窗台板两端出墙厚度差		
允许偏差	2	2	3	1	2

9.9.3 细部工程直线度的允许偏差

单位：mm

项目	橱柜安装 （门与框架的平行度）	窗帘盒和窗台板安装 （上口、下口直线度）	门窗套安装 （上口直线度）	护栏和扶手安装 （扶手直线度）	花饰安装 （室内每米）
允许偏差	2	3	3	4	1

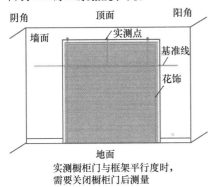

直线度实测实量应采用钢直尺和线径
不大于1mm的5m线或激光水平仪

实测橱柜门与框架平行度时，
需要关闭橱柜门后测量

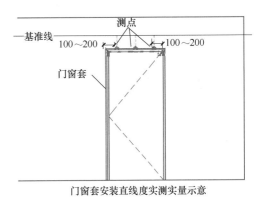

门窗套安装直线度实测实量示意

9.9.4 栏杆、扶手高度与间距允许偏差

单位：mm

项目	栏杆间距	扶手高度
允许偏差	0，−6	+6，0

注：1. 扶手、栏杆高度和间距实测实量工具应采用钢卷尺。

2. 窗台高度≤0.45m或宽度≥0.22mm，栏杆高度从窗台面算起至扶手顶部。

3. 窗台高度＞0.45m，护栏高度从地面算起进行测量。

4. 栏杆采用垂直杆件，栏杆间距应测量杆件之间的净距离。

9.9.5 橱柜安装工程允许偏差

单位：mm

项目	允许偏差
柜体外形尺寸	1
柜体对角线长度之差	3
门与柜体缝隙宽度	2

9.9.6 储柜安装的允许偏差和检验法

单位：mm

项目	允许偏差	检验法
外形尺寸	3.0	用钢直尺检查
两端高低差	2.0	用水准仪或尺量检查
立面垂直度	2.0	用1m垂直检测尺检查
上、下口平直度	2.0	拉线、尺量检查
柜门与口框错台	2.0	用尺量检查
柜门与上框间隙	留缝限制为0.7	
柜门并缝与两边框间隙	1.0	用塞尺检查
柜门与下框间隙	1.5	

9.9.7 窗帘盒、窗台板和散热器罩安装的允许偏差和检验法

单位：mm

项目	允许偏差				检验法
	散热器罩	窗台板	窗帘盒	木线	
垂直度	2.0	—	1.0	2.0	全高吊线，尺量检查
两窗帘轨间距差	—	—	2.0	—	用尺量检查
两端距洞口长度	2.0	2.0	2.0	—	用尺量检查
木线交接错台错缝	—	—	—	0.3	用直尺和塞尺检查
两端高低差	1.0	1.0	2.0	2.0	用1m水平尺和塞尺检查
表面平整度	1.0	1.0	—	1.0	用1m水平尺和塞尺检查
两端出墙厚度差	2.0	2.0	2.0	—	用尺量检查
上口平直度	2.0	2.0	2.0	—	拉线、尺量检查
下口平直度			2.0		

9.9.8 门窗套安装的允许偏差和检验法

单位：mm

项目	允许偏差	检验法
门窗套上口直线度	3	拉5m线，不足5m拉通线，用钢直尺检查
正、侧面垂直度	3	用1m垂直检测尺检查
门窗套上口水平度	1	用1m水平检测尺和塞尺检查

9.9.9 装饰线、花饰安装的允许偏差和检验法

单位：mm

项目		允许偏差		检验法
		室内	室外	
单独花饰中心位置偏移		10.0	15.0	拉线和用钢直尺检查
装饰线、花饰拼接错台错缝		0.5	1.5	用直尺和塞尺检查
装饰线、条型花饰的水平度或垂直度	每米	1.0	3.0	拉线、尺量或用 1m 垂直检测尺检查
	全长	3.0	6.0	

9.9.10 隔断制作与安装的允许偏差和检验法

单位：mm

项目	允许偏差	检验法
组合扇水平	2.0	拉 5m 线，不足 5m 拉通线，用尺量检查
相同部位部件尺寸差	0.5	用尺量检查
活扇与上框之间的间隙	留缝限值 1.2	用塞尺检查
活扇并缝或与两边框间隙	1.5	
活扇与下框间隙	2.0	
边框垂直度	2.0	全高吊线尺量检查
单元扇对角线差	2.0	用尺量检查
表面平整度	1.0	用靠尺、塞尺检查
压条或缝隙平直	1.0	用 1m 直尺检查

9.10
环境污染物浓度限值与门窗安装尺寸

9.10.1 住宅装饰装修后室内环境污染物浓度限值

污染物	卧室、客厅、厨房
氡 /（Bq/m³）	≤ 200
甲醛 /（mg/m³）	≤ 0.08
苯 /（mg/m³）	≤ 0.09
氨 /（mg/m³）	≤ 0.2
TVOC/（mg/m³）	≤ 0.5

9.10.2 窗户安装尺寸

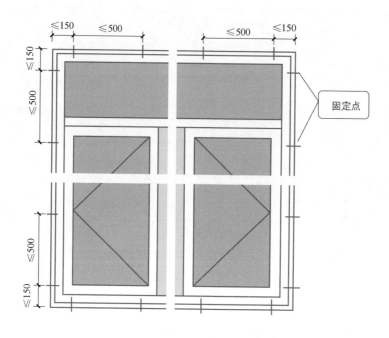

9.10.3 门窗安装边框、上框与洞口的间隙

单位：mm

墙体饰面材料	洞口与门窗框间隙
墙体外饰面贴大理石或花岗岩板	40～50
外保温墙体	保温层厚度+10
清水墙	10
墙体外饰面抹水泥砂浆或贴马赛克	15～20
墙体外饰面贴糙面瓷砖	20～25

注：以饰面层厚度能盖过缝隙5～10mm为度，但不要压盖框料过多。

第 10 章

商业、办公空间的布局
活学活用全能行

10.1
基础知识

10.1.1　店内空间动线类型

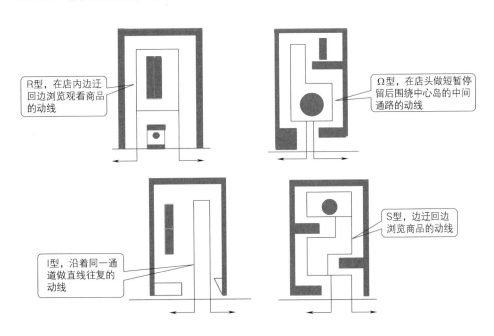

R型，在店内边迂回边浏览观看商品的动线

Ω型，在店头做短暂停留后围绕中心岛的中间通路的动线

S型，边迂回边浏览商品的动线

I型，沿着同一通道做直线往复的动线

10.1.2 商业空间方桌布局

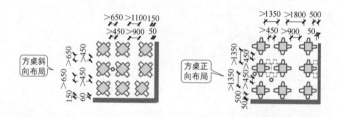

10.1.3 栏杆间距

　　3~10 岁这一年龄阶段男女童的体型差别极小，同一数值对两性均适用，两性身体尺寸的明显差别从 10 岁开始。

10.2
理发店

10.2.1 理发单元空间布局

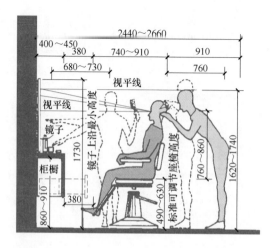

10.2.2 男性洗头单元空间布局

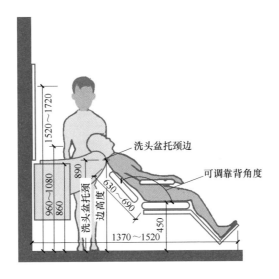

洗头盆托颈边

可调靠背角度

10.2.3 女性洗头单元空间布局

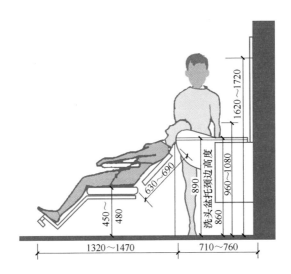

10.3

台球室

10.3.1　台球厅空间布局

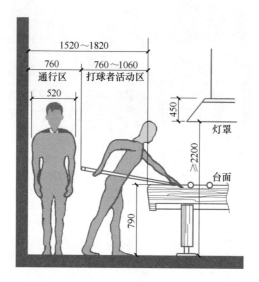

10.3.2　台球室酒吧台空间布局

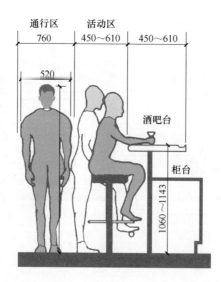

10.3.3 台球室球桌尺寸

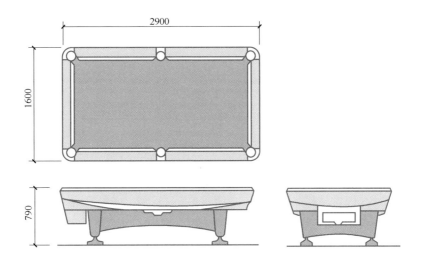

10.3.4 台球室球桌布局

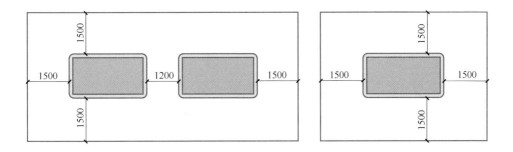

10.4
健身房

10.4.1　自行车健身活动空间布局

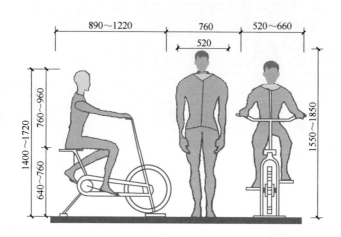

10.4.2　举重活动空间布局

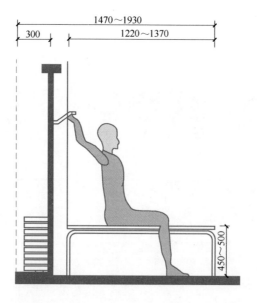

10.4.3　俯卧撑活动空间布局

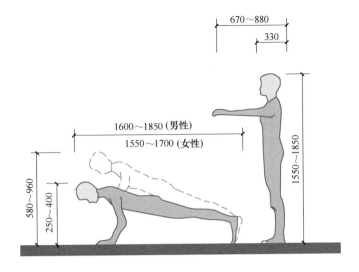

10.5
办公室

10.5.1　办公桌空间布局

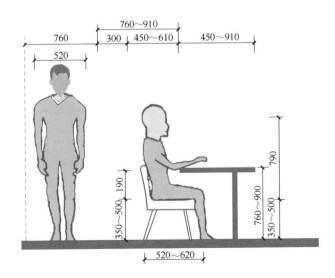

10.5.2　U 形办公桌空间布局

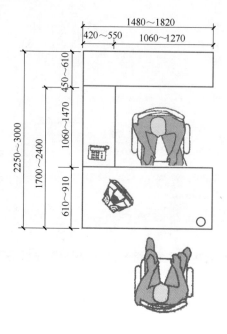

10.6
其他商业空间

10.6.1　双洗脸盆的空间布局

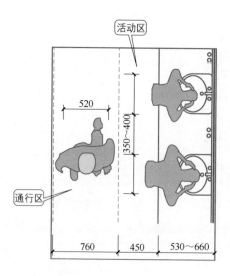

10.6.2 双层床的布局

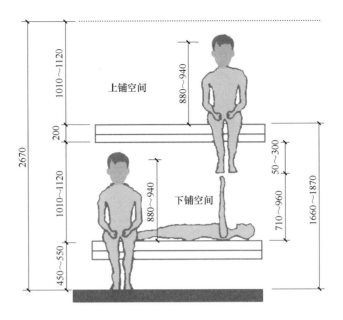

10.6.3 商业空间通道的参考尺度

单位: mm

尺度	1人通道尺度	2人通道尺度	3人通道尺度	4人通道尺度	5人通道尺度
A	480	1020	1450	2030	2410
B	530	1070	1600	2130	2670
C	810	1630	2440	3250	4060
D	510	1020	1520	2030	2540
E	910	1830	2740	3660	4570
F	1830	3660	5490	7320	9140

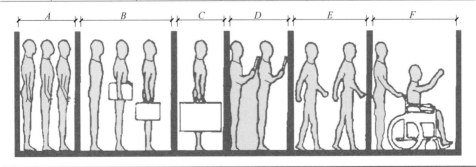

部分参考文献

[1]　国家市场监督管理总局，铝合金门窗：GB/T 8478—2020 [S].

[2]　中华人民共和国住房和城乡建设部. 住宅厨房家具及厨房设备模数系列：JG/T 219—2017
　　　[S]. 北京：中国标准出版社，2018.